初學者的

自然系花草刺繡

全圖解

Prologue

◇

歡迎蒞臨
開滿繽紛花草的刺繡樂園

「Mina land」是我自幼時起就懷抱著的夢想。小時候的我十分喜歡動畫片，想像著要成為著名動畫導演，並打造一個像迪士尼樂園的主題遊樂園。歲月流逝後的今天，我打造了Mina land，在這裡我繡著各式各樣的花朵，以不同的形式不斷創造出專屬我自己的作品。

我從小就很喜歡自己動手做些什麼，會坐在書桌前編織、摺紙、畫圖之類的，每次完成一樣作品時都會很有成就感。或許我就是從那時起，很想成為一名設計師的吧！我大學專攻美術，一畢業後就跟多數人一樣進入職場、拚命埋頭苦幹。在那段時間裡，夢想打造迪士尼樂園、翱翔在想像國度中的那個孩子便消失了。就這樣工作六年左右後，我決定辭職。離開原本的工作之後迎來了能去濟州島生活的機會。在我有了自己專屬的時間後，便想起以前動手做些什麼、十分開心的那些日子。也是在那時，我開始學習法式刺繡。

回首一看，我想起國小時玩過的段段繡，才發現原來我早就接觸過刺繡了。段段繡就是要用一小段粗短又胖胖的毛線鉤來鉤去，當時的我因為太過專注，完全感受不到時間的流逝。後來也喜歡上十字繡。過了很久以後才知道，其實十字繡就是眾多法式刺繡針法中的其中一種。慢慢認識法式刺繡的各種技巧後，我逐漸被刺繡吸引而沉浸在其中。明明都是同一款繡圖，卻會依照使用的針法而左右最後是繡出玫瑰還是菊花，這特性讓我更願意全力投入在花草刺繡中。一邊思考「這針法適合套用在什麼花上呢？」、「要如何呈現這朵花才好？」，一邊享受著用各種針法將花朵繡出來。

我希望大家也能像我一樣，體驗到用不同針法呈現各種花朵樣貌的樂趣，所以用心寫了這本書。本書會先幫助各位熟記基本的針法技巧，再透過九個繡圖練習操作，學習如何呈現各種不同的花瓣。接著，就用漂亮的繡線一針針繡出您喜愛的花吧！本書會介紹許多承載鮮花色彩的刺繡圖案，像是紅色的山茶花、白色的三葉草、黃色的油菜花，甚至還有花盆與整個花籃。藉由花草刺繡盡情享受芬芳的日常吧！希望在各位的心中，也能有個像童話一樣的美麗地方。

◇

如何使用這本書

1

為了刺繡
而開始做的準備

〈Basic. 認識花草刺繡的時間〉
介紹基本必備物品，還有往後能繡出多采多姿的刺繡圖案所需的副材料與工具。在正式開始刺繡前，得先了解並熟悉事前的準備，例如描繪圖案、安裝繡框、繡框背面的收尾、穿針與打結的方法等等。

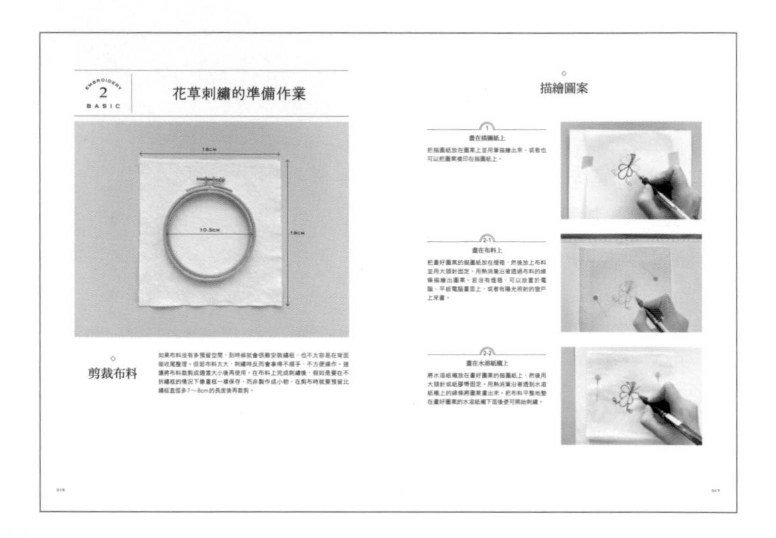

2

努力熟悉
花草刺繡的基礎針法

〈Part 1. 練習花草刺繡針法的時間〉
學習在製作花瓣、葉子、莖與花盆時最需要的二十二種基礎針法。各個針法都有介紹基本與應用型態。其實只要以基本形做應用，就可以呈現出多樣化的植物樣貌。另外，每個針法都有附示範影片，只要用手機掃描QR CODE即可觀看，有助於更快掌握技巧。

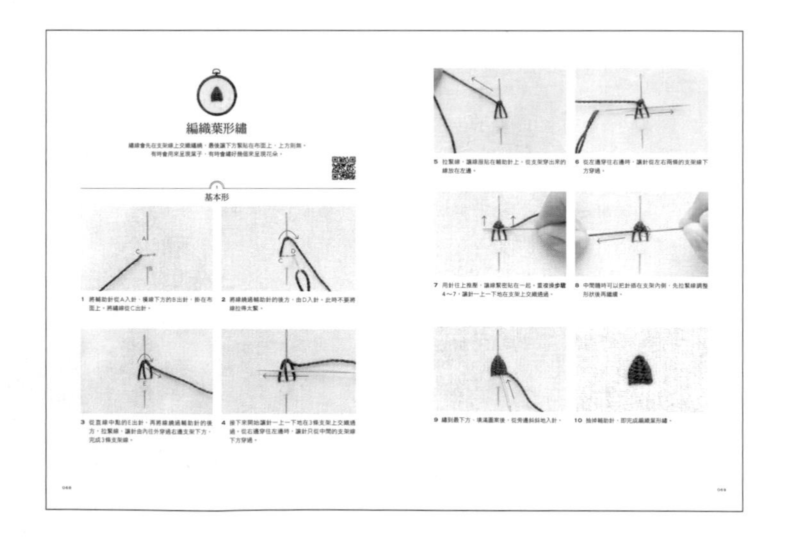

3

練習到能靈活運用各種針法的程度

試著將前面學到的基礎針法套用在繡圖上。藉由繡出簡單形狀的花朵和葉子來練手感、熟悉針法技巧。看到自己一針一針地繡出完整的一朵花，也會逐漸產生自信。越是反覆練習，就越能減少失誤率，同時也越能快速提升實力。

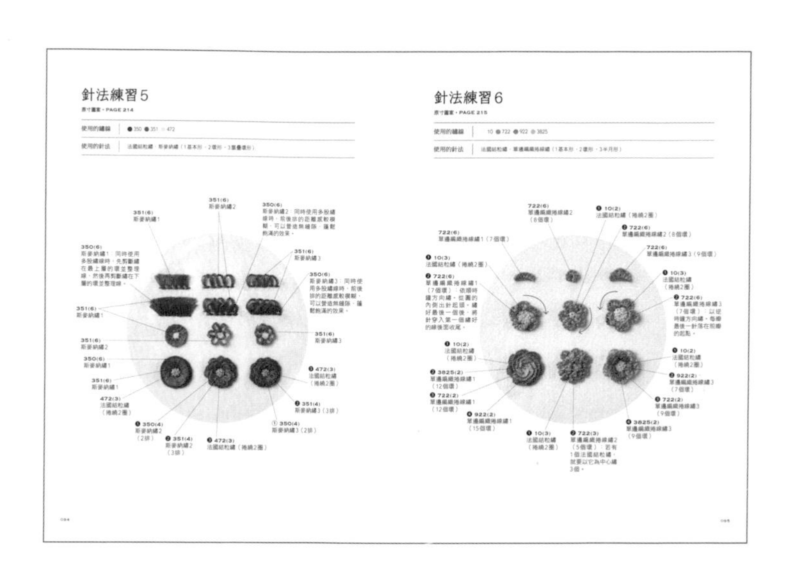

針法練習 5

原寸圖案・PAGE 214

針法練習 6

原寸圖案・PAGE 215

4

繡出一朵朵的花兒與花草刺繡作品

〈Part 2. 繡出不同色系花卉的時間〉將附錄的原寸繡圖線稿描繪在布上，並參考步驟圖解來刺繡。提供原寸繡圖為的是方便看清楚所使用的繡線顏色。在準備繡線時，請參考欲使用繡線的號碼與色卡。在作品中，同一種花可能會有兩種不同的繡圖。熟記基本的圖案後，再參考圖案應用的部分，就能體驗到繡出多采多姿花草植物的樂趣。

※繡線號碼旁、括號內的數字為所需繡線股數。

※本書主要使用DMC 25號繡線；若是使用到其他種類的繡線會另外再標示。

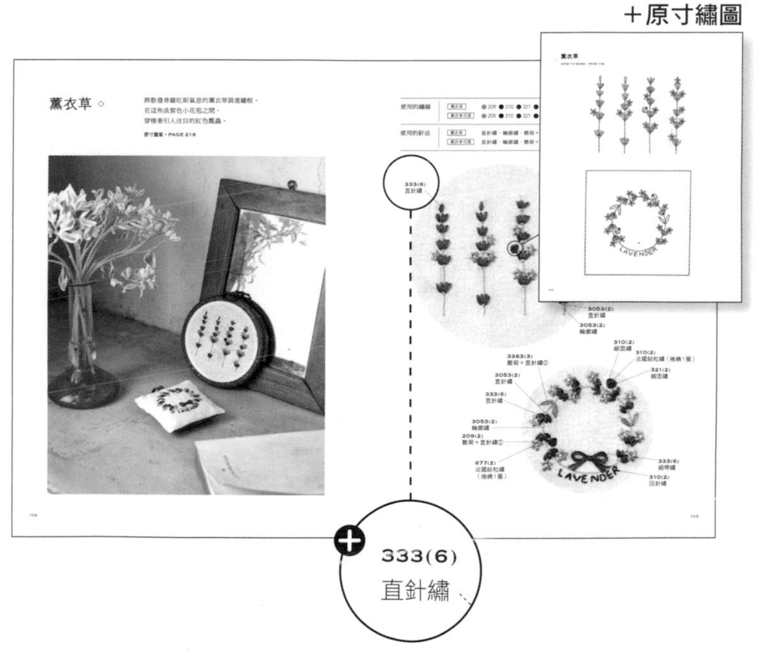

（例）**333(6)**：333號線 6股

CONTENTS

認識花草刺繡的時間

Part 1

練習花草刺繡針法的時間

#1
繡出花瓣的針法

—

#2
繡出葉子的針法

—

#3
繡出莖的針法

—

#4
為花草點綴的針法

—

#5

Part 2
繡出不同色系花卉的時間

#1 紫色與藍色花卉

#2 黃色與橘色花卉

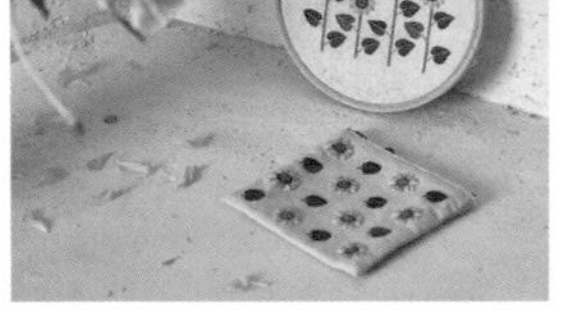

#3 粉紅色花卉

#4 紅色花卉

#5 白色花卉

#6 特別的色彩組合

Basic

認識花草刺繡的時間

EMBROIDERY
1
BASIC

花草刺繡所需物品

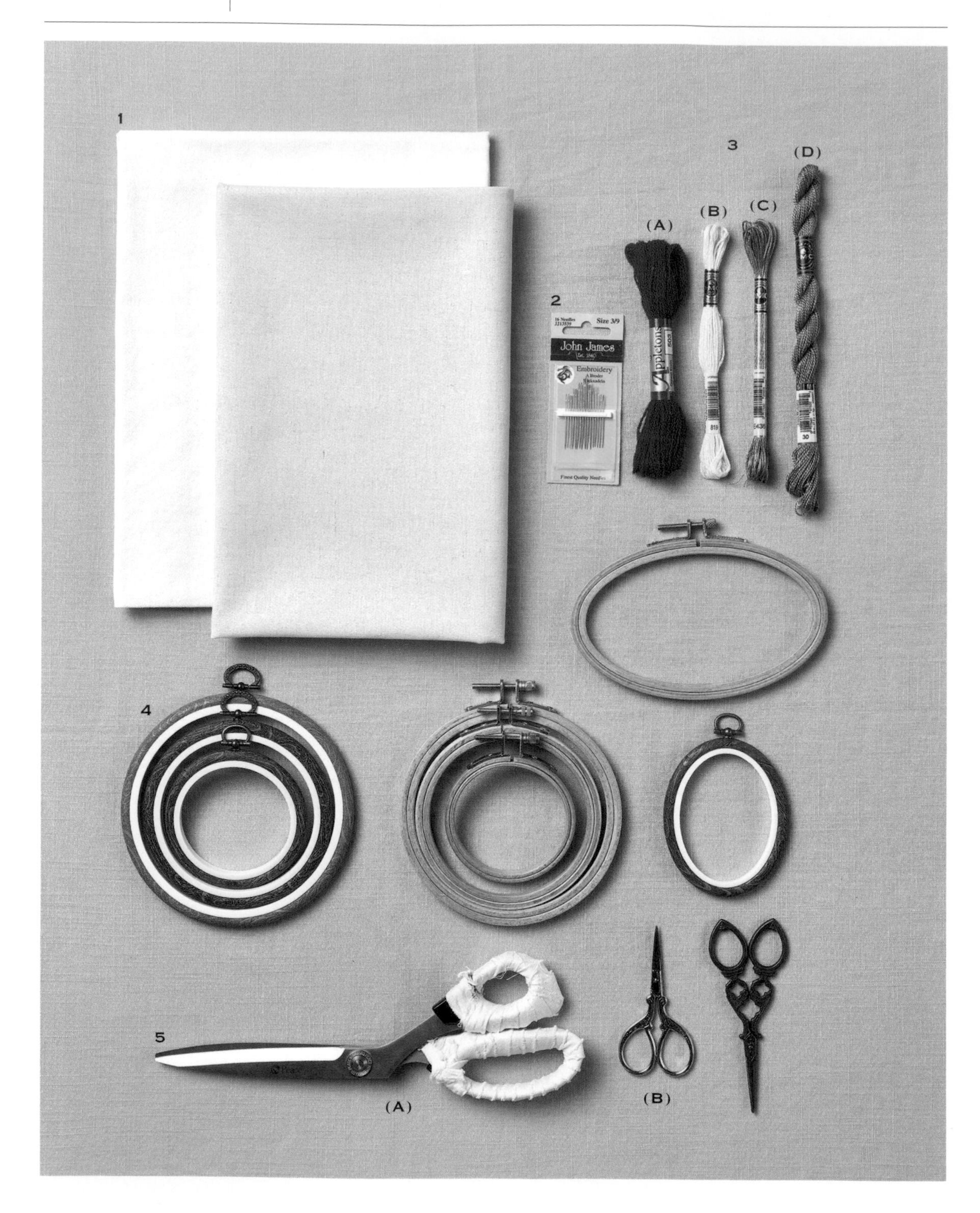
1
2
Size 3/9
John James
Embroidery
Finest Quality Needles
3
(A)
Appletons
(B)
(C)
(D)
4
5
(A)
(B)

◇

基本材料和工具

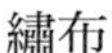

繡布

刺繡布料常使用亞麻布、棉布、帆布等。在本書中使用的是11針的半亞麻布（亞麻＋棉）及20針水洗布（100%棉）。在布料名稱前的「針」，指的是織布時的纖維密度，數值越大，代表其纖維越細緻，布料被織得越柔軟。

※完成刺繡之後，布料可能會因清洗而縮水。為防止布料縮水、影響繡圖，在事前先水洗一遍會比較好。或是直接使用有經水洗加工的布料，就會方便許多。

2

繡針

刺繡專用針需依據繡線的股數與用途來選擇使用。建議購買3至9號大小皆包含在內的套組，使用起來會很方便。號數越大，表示針越細、越小。請參考下方表格，根據繡線的股數選用適合的繡針。

繡線股數	1～2股	3～4股	5～6股
繡針大小	8～9號	5～7號	3～4號

※繡針也是一種消耗品，長期使用會變色或者生鏽，導致穿過布料時感覺不太順暢。此時，換成新的針，或是以專用清潔劑擦拭針頭後再使用為佳。

繡線

- Appletons**羊毛線** (A)：為單股的線。由純羊毛（Wool）製成，此款繡線可呈現出柔和且軟綿綿的感覺。
- DMC 25**號繡線** (B)：棉線，為最常被用來刺繡的基本繡線。每一束由6股合成，可依所需股數抽出來使用。
- DMC light effects**線** (C)：為帶有閃亮金屬質感的繡線。和25號棉線一樣是由6股合成的線，可依所需股數抽出來使用。會比棉線更容易打結、尾端分岔，所以使用時務必多加注意。
- DMC 5**號繡線** (D)：為帶有立體光澤感的粗棉線，又稱「珍珠棉線」。由於是較粗的線，通常會用單股來刺繡。

4

繡框

用於將布料拉平整並固定的框架，以便在刺繡時可以整理繡線又能刺出漂亮的成品。依照刺繡圖樣的大小來選用繡框。若是使用太大的繡框，在操作過程中可能會增加手腕的負擔，所以初學階段，建議是用單手就能拿取、10～12cm的繡框。繡框有木頭、橡膠、塑膠等材質，也有各種不同的形狀，可依個人的喜好挑選。

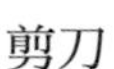

剪刀

剪布料時，請使用剪布用剪刀 (A)；剪線時，請使用刀刃銳利度高、切削力強的剪線用剪刀 (B)。務必按照用途區分開來使用，這樣剪刀才不會變鈍，而且能長久地使用。

◇

描繪圖案的材料和工具

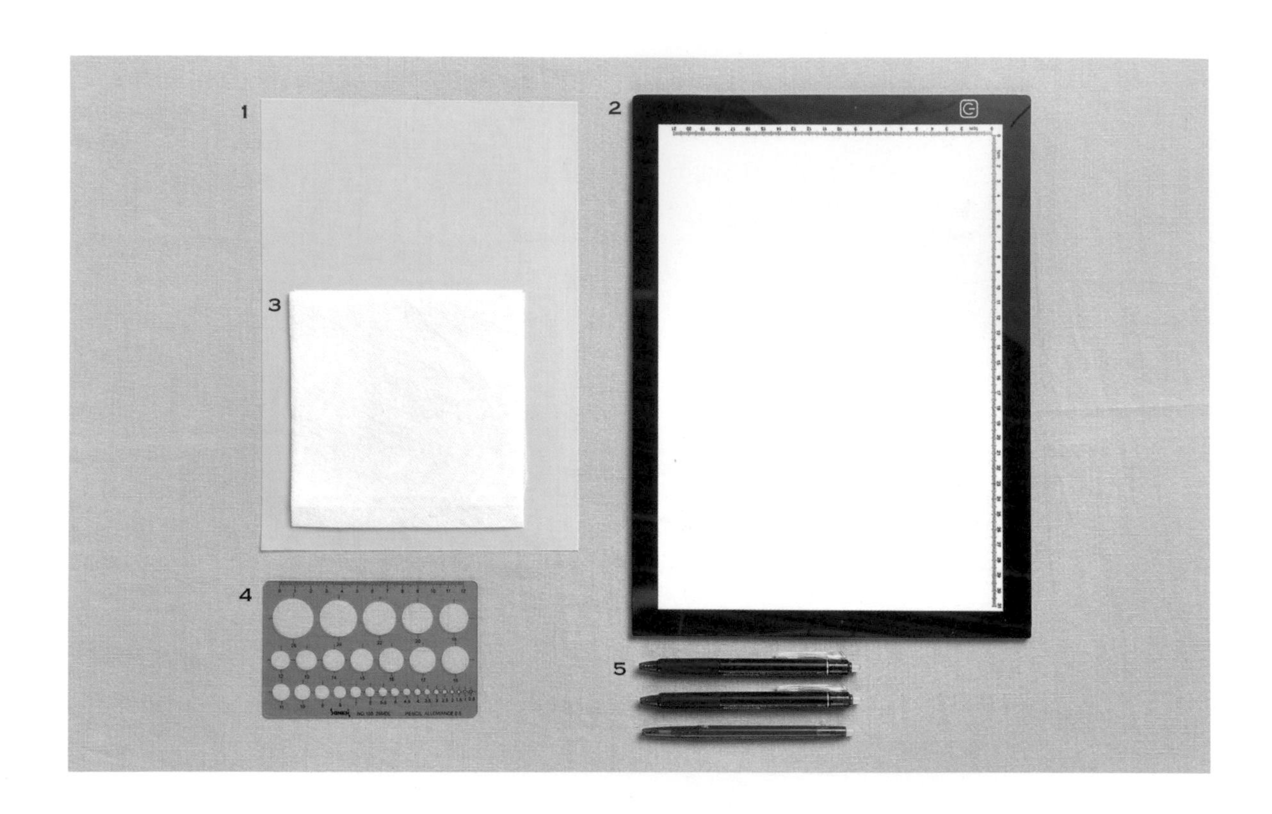

1 描圖紙

半透明且輕薄的紙，用於描圖、轉印。

2 描圖燈箱

利用光的透射，讓描圖變得更容易。一般會搭配淺色系的布料來使用。

3 水溶紙襯

可溶於水的薄紙，在很難直接描圖的布料（如毛線編織物等容易拉扯變形的布料）或顏色偏暗的布料上刺繡時使用。使用方法為先在水溶紙襯上描圖，與布料疊在一起並裝上繡框，繡好圖案後將未繡到之處剪除，其餘泡水溶解即可。

※若水溶紙襯沒有完全清理乾淨，可能會沾黏在繡線或布料上，最後變得硬梆梆的，所以要用手輕輕地揉搓清洗，直到感覺不到有光滑的紙襯殘餘為止。

4 圖案尺

圖案得精準地描繪出來才有辦法繡得很整齊，所以畫直線或圓形時都要使用尺。

5 熱消筆

這種筆的墨水經過吹風機或熨斗的加熱後會消失，適合用於布料上的描圖。市售有各種不同粗細的產品，可以拿來描繪出精緻的圖案。

◇

其他材料和工具

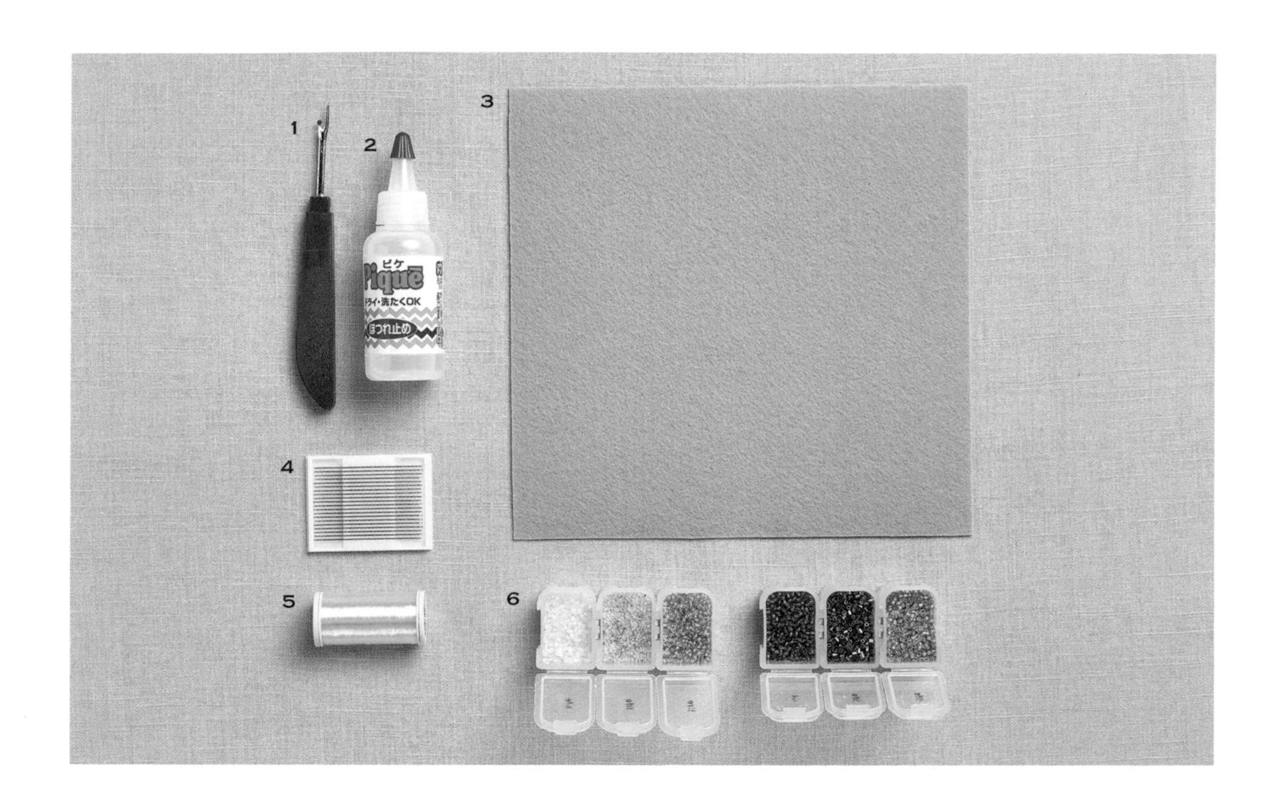

1

拆線器

刺繡時有失誤或不滿意時只要使用拆線器，就能在不破壞布料的狀況下輕鬆拆除繡線。

2

防脫線膠水

製作像收納包或環保購物袋之類的實用小物時，可以在刺繡背面收尾的部分稍微塗抹來固定，以免繡線鬆脫。

※防脫線膠水若沾到布料上，從刺繡正面就能很清楚地看出痕跡，所以要小心地只塗抹在繡線上。

3

不織布

希望將完成的繡圖直接以繡框當畫框展示時，用來遮住背後縫線的布。本書使用的是厚度1.2mm的硬不織布。

4

引線針

整支針細、針眼小，可輕鬆將線穿進珠子的孔洞。若沒有引線針，可使用9號繡針代替。

5

透明線

透明又非常細的線，即便是很小的珠子也能輕易串起，並繡得很整齊。

6

珠子

有各種樣貌、大小、顏色的珠子，能讓刺繡作品呈現更多變化。在花草刺繡裡常見的有2～3mm的米珠及六角珠。

花草刺繡的準備作業

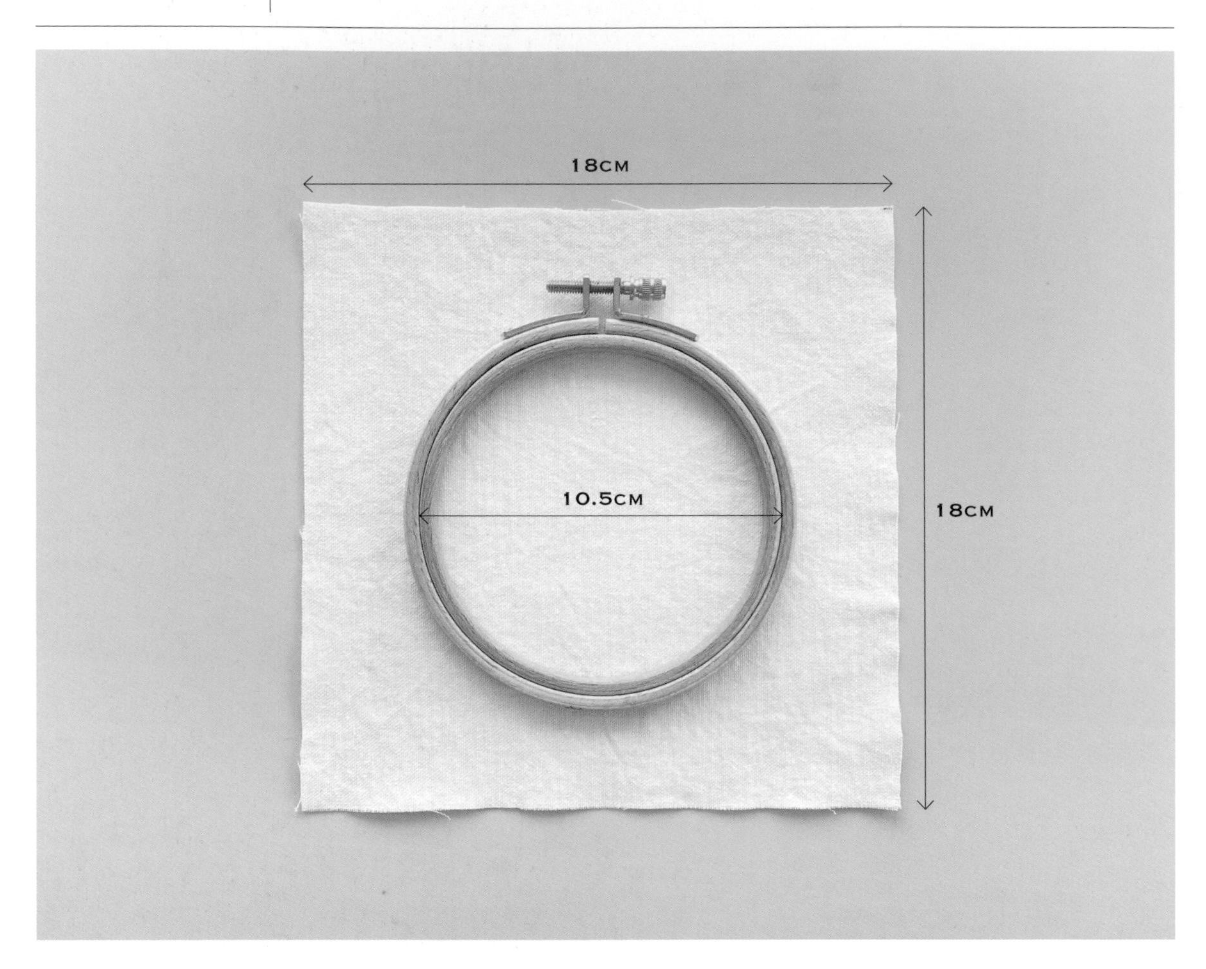

◇

剪裁布料

如果布料沒有多預留空間，到時候就會很難安裝繡框，也不太容易在背面做收尾整理。但若布料太大，刺繡時反而會拿得不順手、不方便操作。建議將布料裁剪成適當大小後再使用。在布料上完成刺繡後，假如是要在不拆繡框的情況下像畫框一樣保存，而非製作成小物，在剪布時就要預留比繡框直徑多7～8cm的長度後再裁剪。

◇

描繪圖案

1

畫在描圖紙上

把描圖紙放在圖案上並用筆描繪出來。或者也可以把圖案複印在描圖紙上。

2-1

畫在布料上

把畫好圖案的描圖紙放在燈箱，然後放上布料並用大頭針固定。藉由透光效果，用熱消筆沿著線條描繪出圖案。若沒有燈箱，可以放置於電腦、平板電腦畫面上，或者有陽光照射的窗戶上來畫。

2-2

畫在水溶紙襯上

將水溶紙襯放在畫好圖案的描圖紙上，然後用大頭針或紙膠帶固定。用熱消筆沿著透到水溶紙襯上的線條將圖案畫出來。把布料平整地墊在畫好圖案的水溶紙襯下面後便可開始刺繡。

◇

安裝繡框

1 轉鬆繡框上方的旋鈕，將帶有旋鈕的外框及內框分開。

2 把內框放在布料上、調整位置，讓圖案擺在正中央，然後用熱消筆沿著內框畫一個圓圈。

TIP | 畫圓圈的目的是幫忙找到圖案最正確的位置，同時也避免之後安裝外框、拉緊布料時圖案變形。

3 把布料蓋在內框上並對齊布料上的圓圈。

4 為避免圖案移位，把外框放在上方後，以雙手向下按壓，卡緊整個框。如果繡框卡不緊，就把旋鈕轉鬆一點；如果太鬆，就把旋鈕轉緊一點。

5 一點一點地將旋鈕轉緊來固定，讓繡框不會鬆脫，同時也均勻地把凸出繡框外的布料拉一拉，讓布料保持平整緊繃。

TIP｜布料會在刺繡時慢慢鬆掉，所以過程中得不時地將布料拉緊，讓布料保持緊繃的狀態，才會繡得端正。

6 把旋鈕鎖至最緊，使布料不再移位。

★ 若是描圖在水溶紙襯上，在步驟3時，請依內框→布料→紙襯的順序擺放，然後同樣進行後續的步驟。

◇

準備繡線

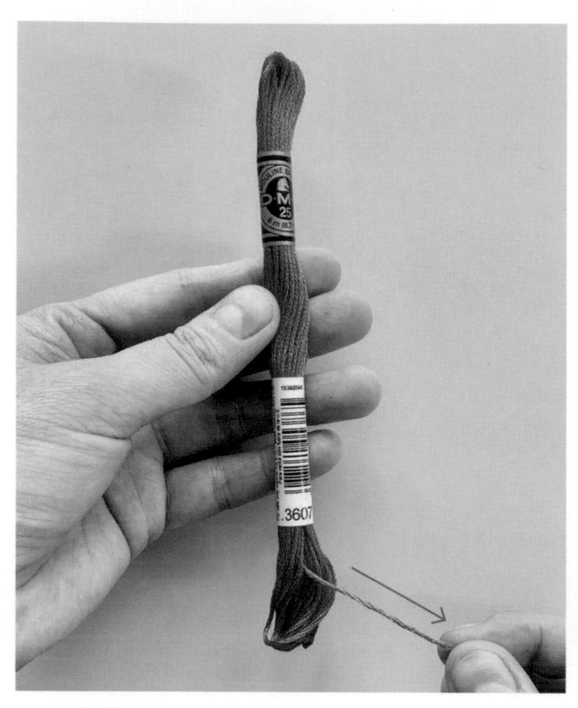

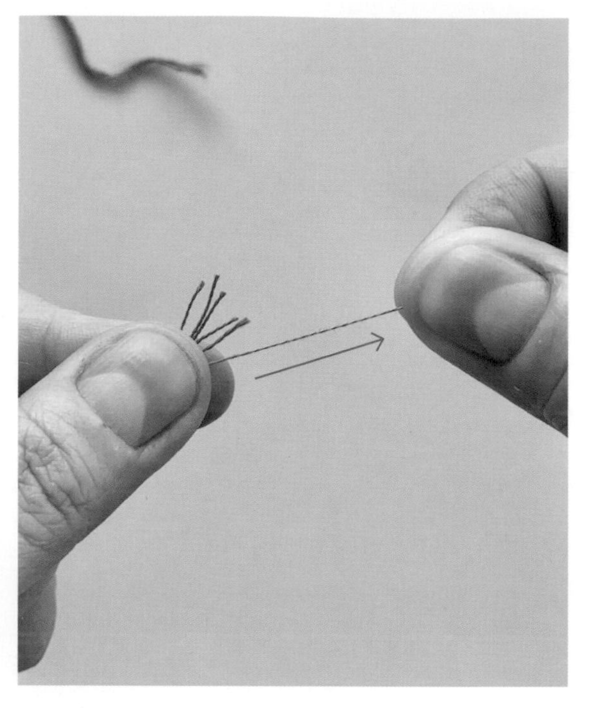

1 由繡線束下方找到線頭，抽出50～60cm的長度後剪斷。

TIP | 線的長度太短就得常換線，但太長又容易打結。通常把線拉出一隻手臂的長度後剪斷，這樣使用起來就會剛剛好，而且不會造成手臂的負擔。

2 稍微把繡線線頭弄鬆，依照所需的股數，一股一股抽出來。取出後再合在一起使用。

TIP | 繡線務必一股一股拉，並保持平整才不會打結，才能繡出漂亮的紋路。但，線還是可能會在刺繡時打結，那時只要把針拉回來，或者把針移到布料另一側，整理好每一股線後再繼續操作即可。

◇

引線穿針

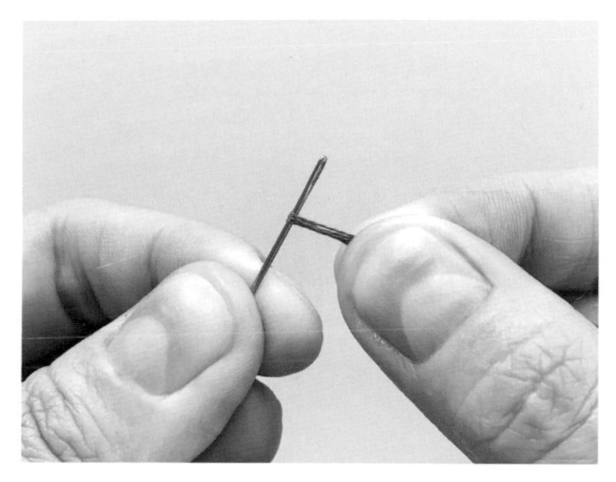

1 將各股繡線合在一起後，掛在針上，讓線對折。

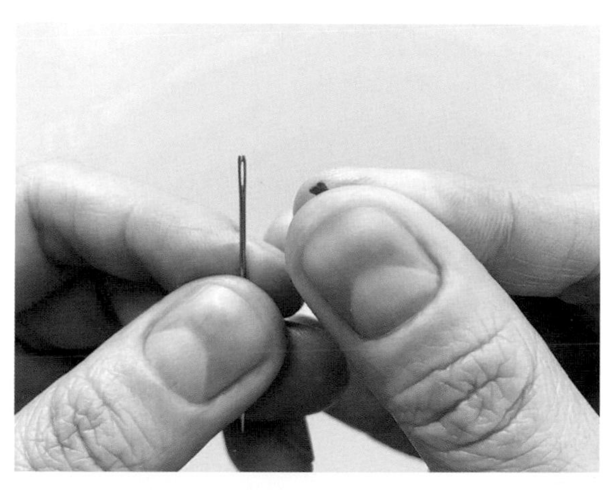

2 捏住對折處，將針從下方抽掉。

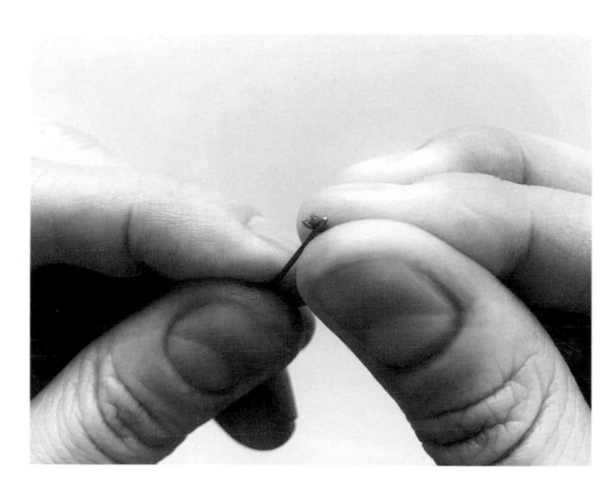

3 緊緊捏住後，將對折處穿過針孔。

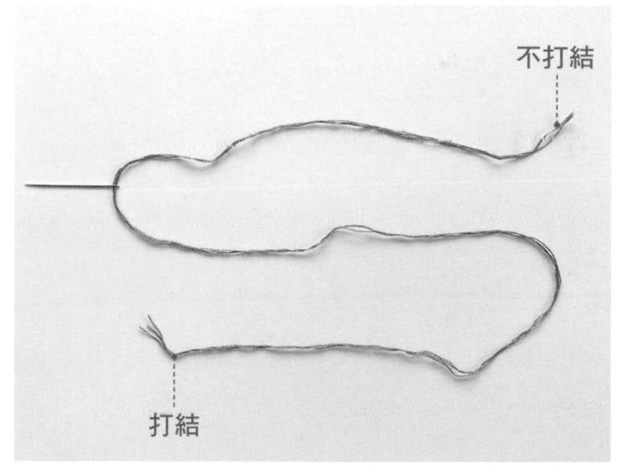

4 將其中一端的繡線，拉出約1/3的長度（亦即讓針留在全長的1/3處），然後將另一端較長的繡線打結。

TIP｜線的其中一端不打結，這樣在繡錯或不滿意時就能抽針而回到上一步。

◇

打結

1

繞針打結

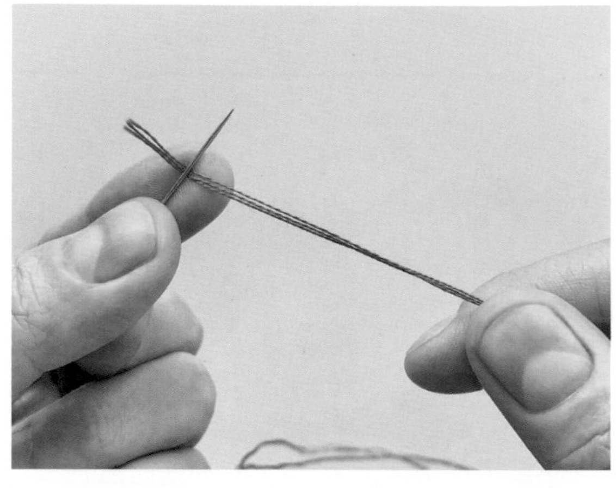

1 一手拿針，將線置於針與食指中間，呈十字型。

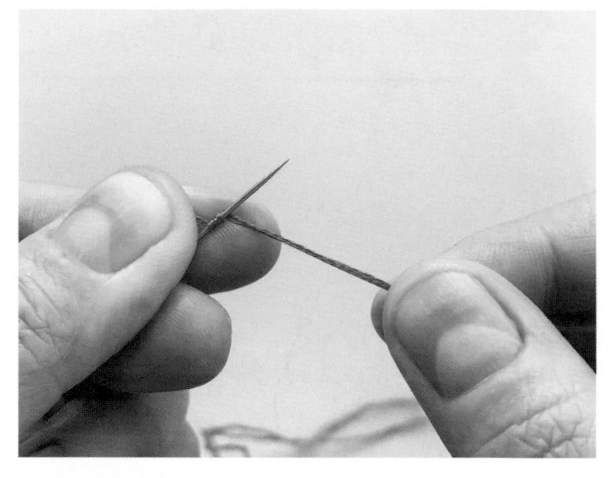

2 壓住線頭和針後，開始用長端的線繞針。依線的股數繞2～3次。

3 壓住繞圈部分，將針往上抽出並拉緊。

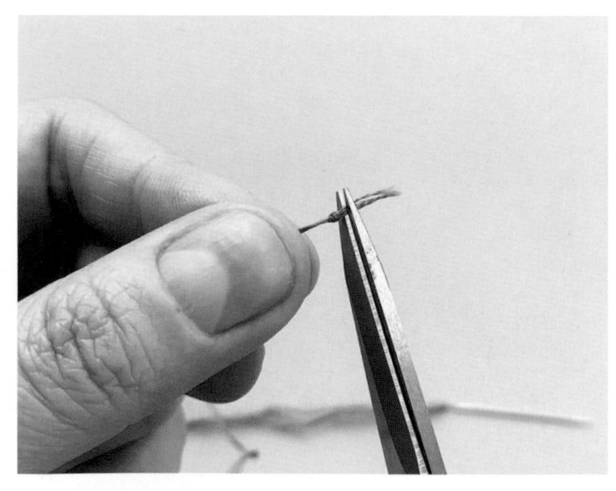

4 打好結後，緊貼著結剪掉多餘的線。

TIP | 如果結後面的線太長，可能會在刺繡時跑出來。

2

止針打結

1 左手抓住繡線，在針上繞一圈後，將針穿過圈。

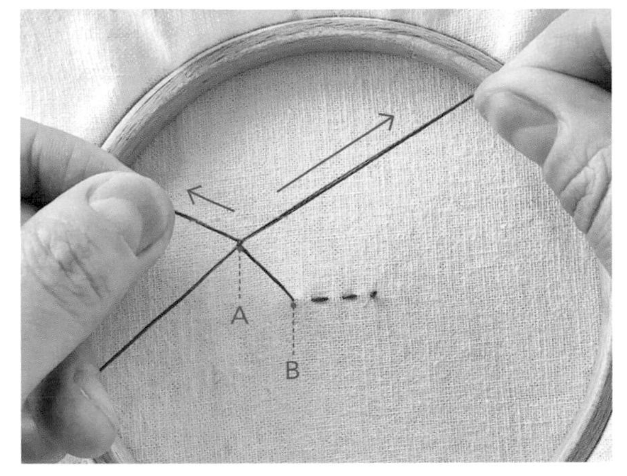

2 針穿過後，先不要將圈拉緊。將交叉處(A)拉到貼近布料(B)的位置。

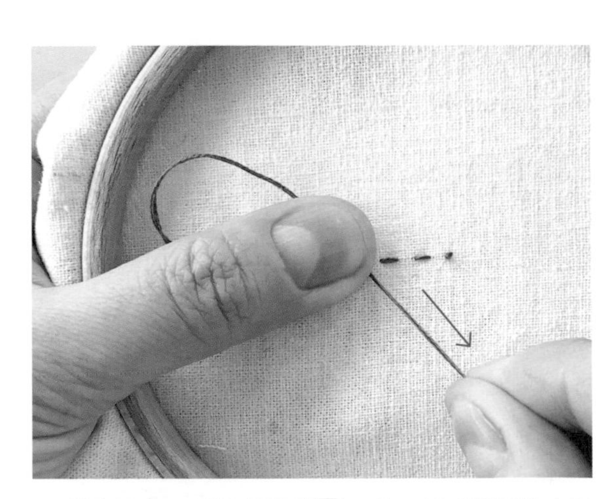

3 當交叉處(A)緊貼布料表面(B)後，用手指壓住交叉處，再抽出線。

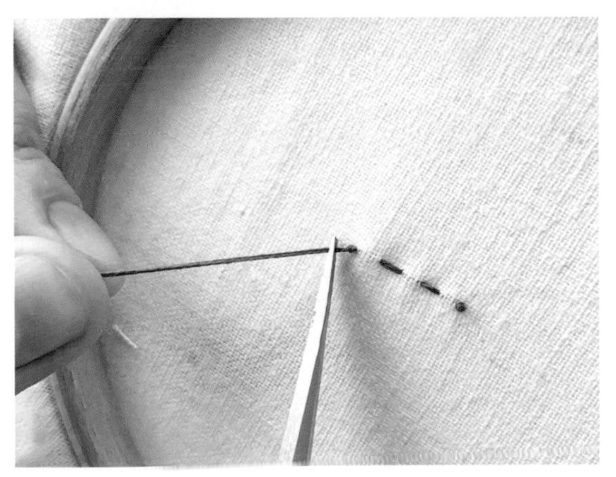

4 最後貼著打好的結，剪除多餘的線。

◇

基本姿勢

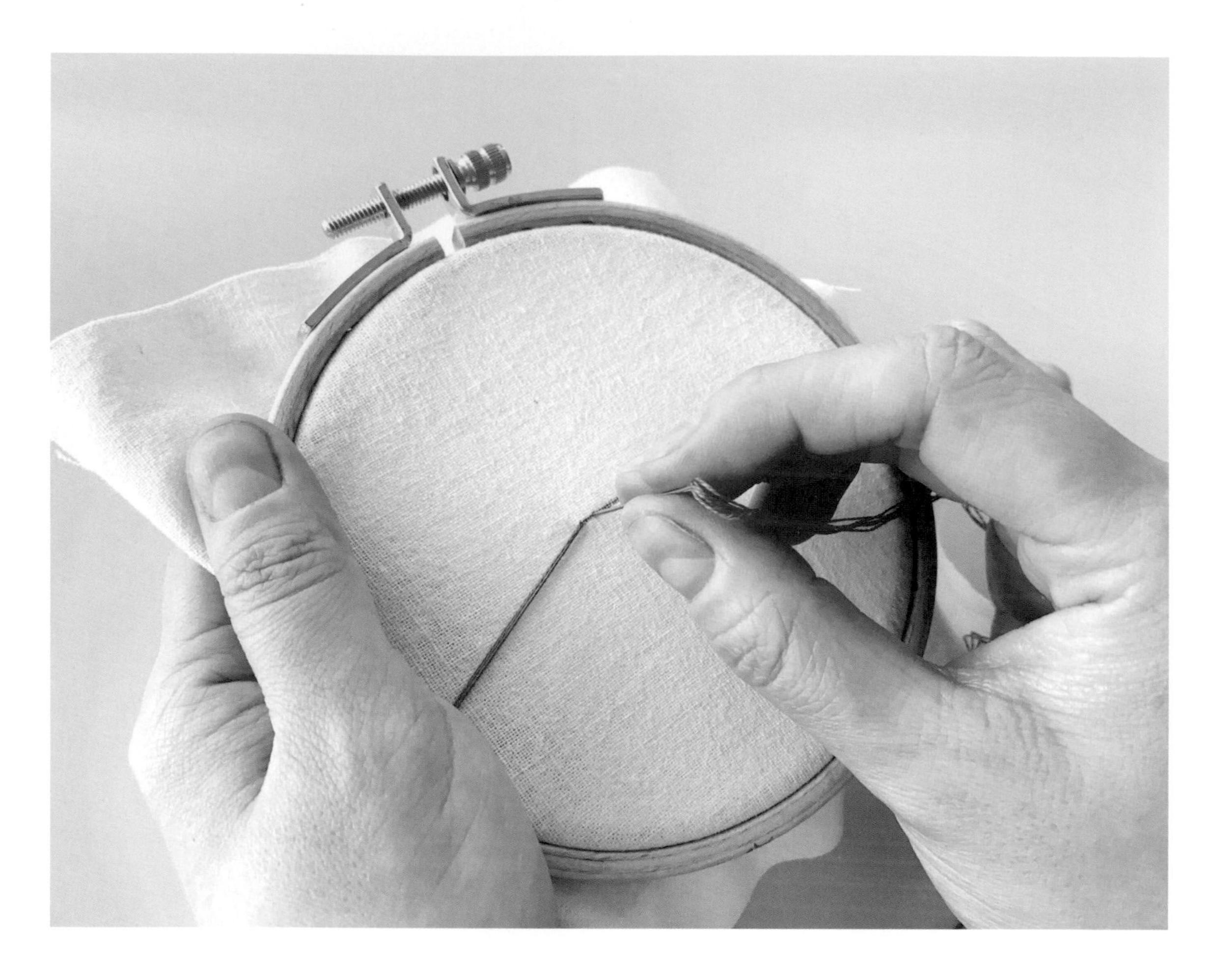

一隻手拿著繡框，用另一隻手的拇指、食指和中指穩穩地抓住針。
在操作的時候，針和布料須保持垂直，才能把線繡到正確位置上。

◇

製作展示繡框的背面

1 刺繡前照著內框的內徑大小裁切不織布備用。

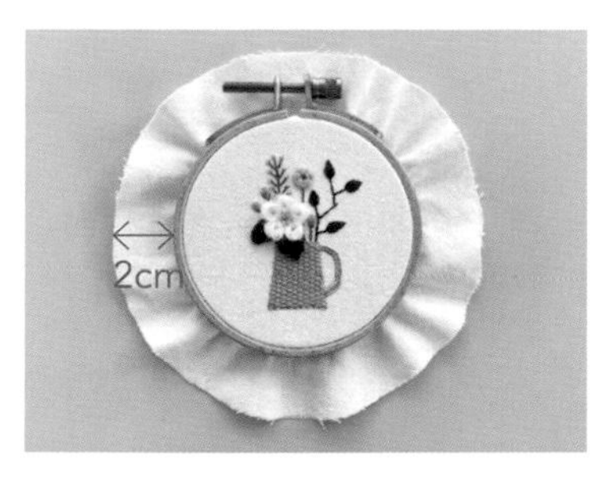

2 完成刺繡後，剪除多餘布料，外圍預留2cm的長度。

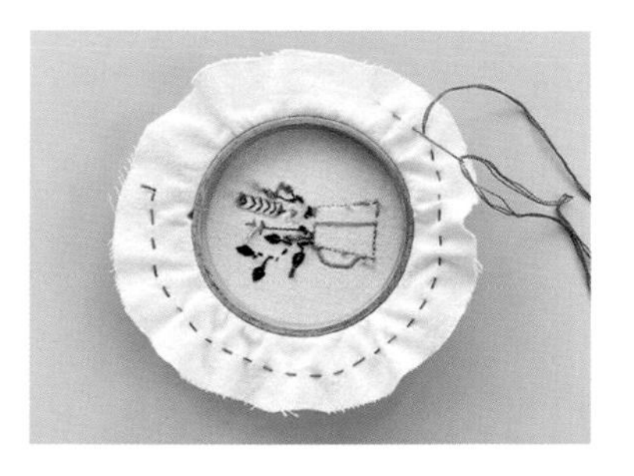

3 翻到繡框背面，在剩餘的布料上縫一圈密實的平針縫。

4 縫好後不打結，將線拉緊，讓布料收進繡框內側。接著再以對向方式縫幾針，固定布料位置後，打結，剪除多餘的線。

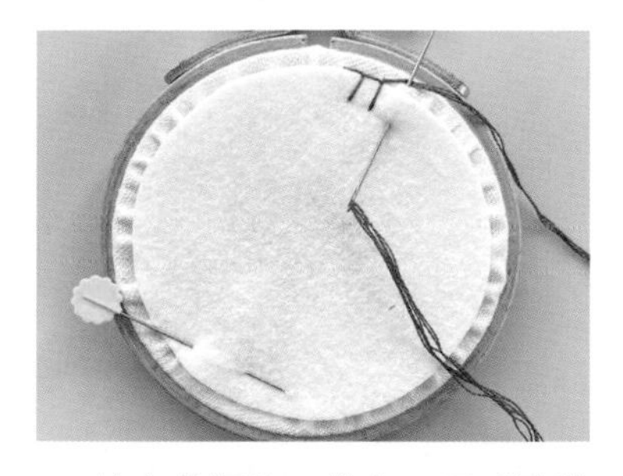

5 放上裁好的不織布，用毛邊繡將兩塊布拼接在一起。此時要用大頭針固定對角，防止不織布位移。

TIP｜請準備比不織布周長多3倍的繡線，以免線在中途不夠用。

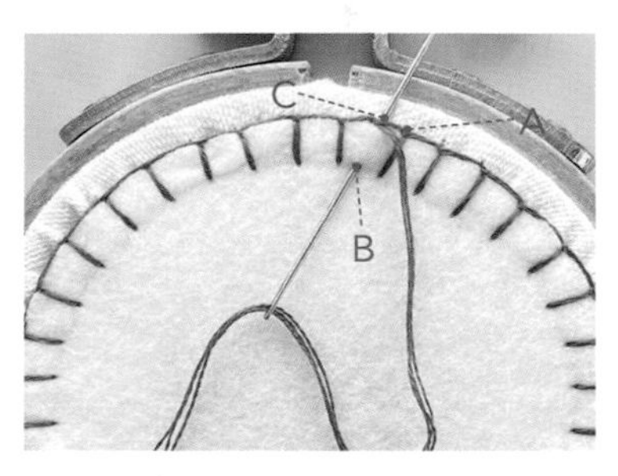

6 以固定的間隔沿著邊緣繡完一圈；最後讓針穿過第一針(A)的線下方後，穿入(B)，再從(C)穿出。

7 重複步驟6穿入再穿出的方式2～3針，固定縫線和兩塊布料後，將針從下方穿出不織布表面，拉緊，貼緊不織布剪去多餘的線。

8 縫好後，就可以漂亮藏起繡框背後的線。

TIP｜此處以明顯的粉紅色繡線示範，但實際操作時建議使用與不織布顏色相近的線，更乾淨俐落。

MEMO

- 平針縫是以固定間隔入針再出針的縫法，呈現出來的縫線整齊均勻。
- 毛邊繡的針法請參考第66頁。

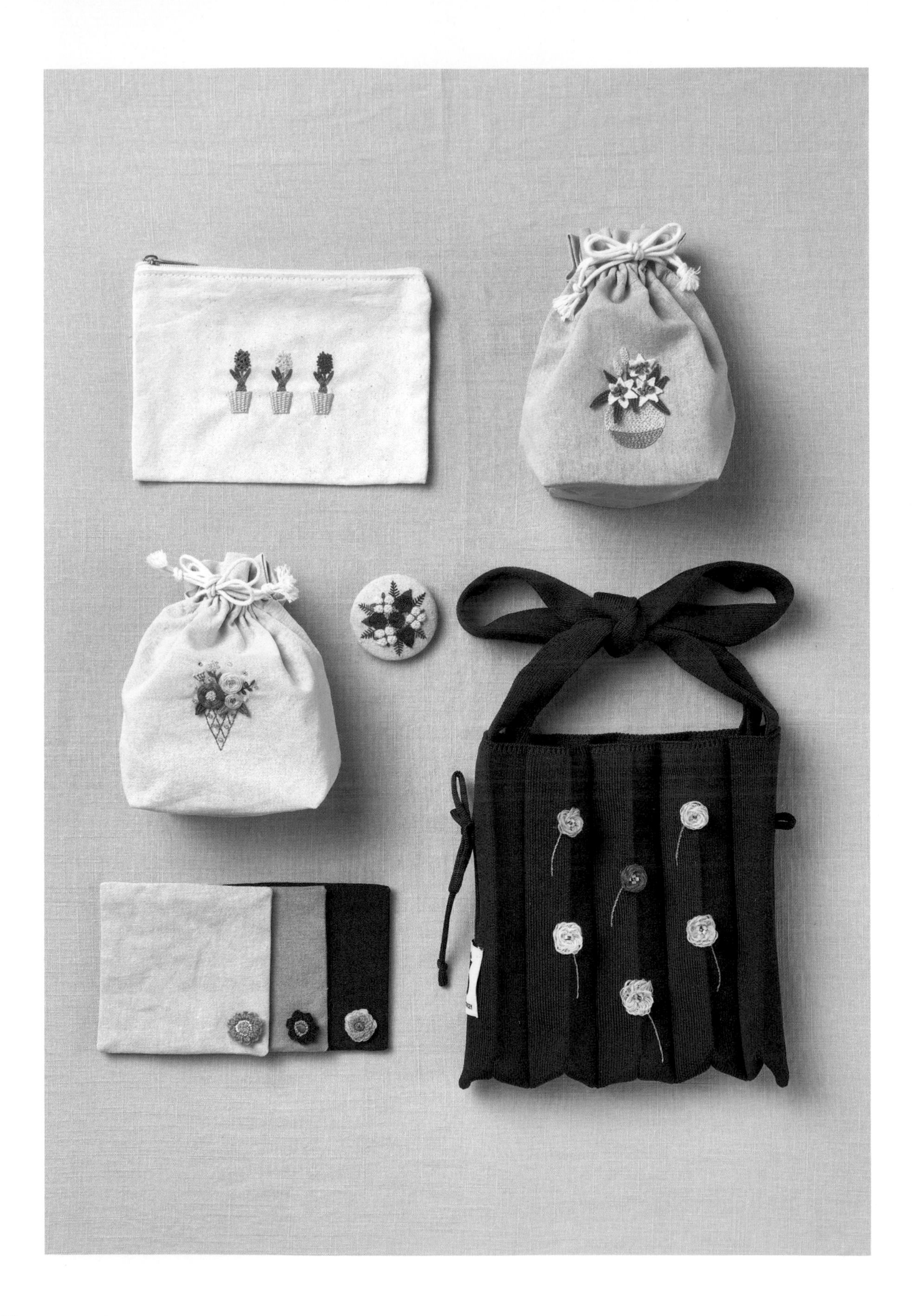

◇

製作刺繡小物的方法

1

直接在半成品上刺繡

1 將圖案描繪在半成品（帆布收納包、環保購物袋、手帕等）布料上。

TIP | 若是使用描圖紙，就把描圖紙放在半成品內層，並用熱消筆沿線條畫在布料上；若是要使用水溶紙襯，就先把它放在布料上後再安裝繡框。

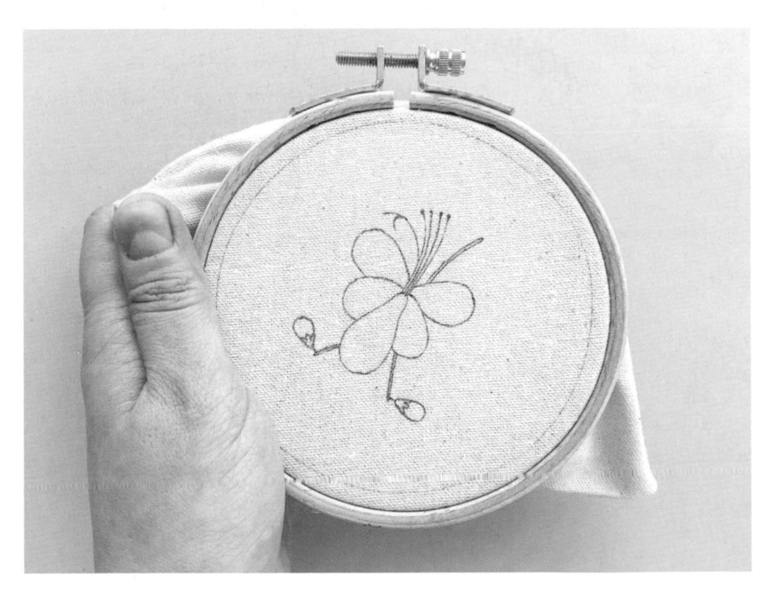

2 把布料鋪平並安裝繡框。為了不讓旁邊的布料影響操作，務必確實抓緊再開始刺繡。

2

將繡布製成香氛袋

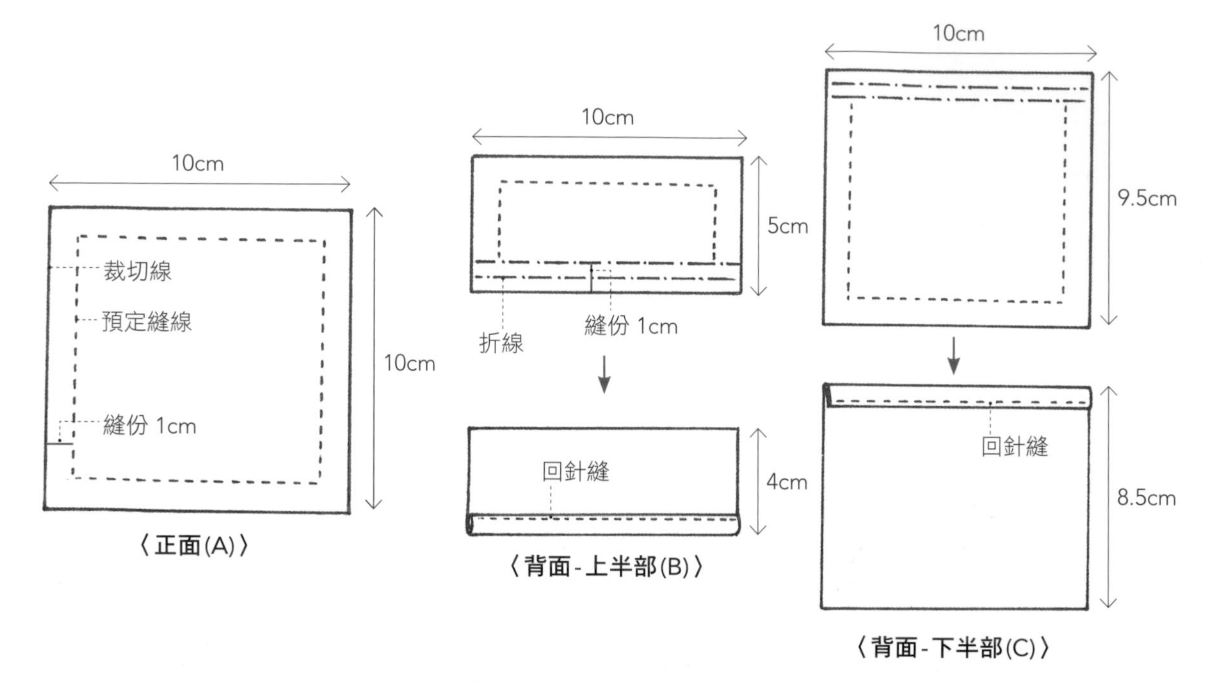

1 首先，將布料剪得比裁切線大一些後再開始刺繡。繡好圖案後裁成10×10cm的大小。

2 背面的上下部分要分開製作。上半部(B)使用與正面(A)相同的布料，下半部(C)則使用薄透的紗網。將背面上下部的其中一端，分別往下折兩折後，以回針縫固定。

> MEMO｜回針縫是指將針穿出布料後，往回退半個針距入針，再往前一個針距出針，縫線間沒有間隔的縫合方式。

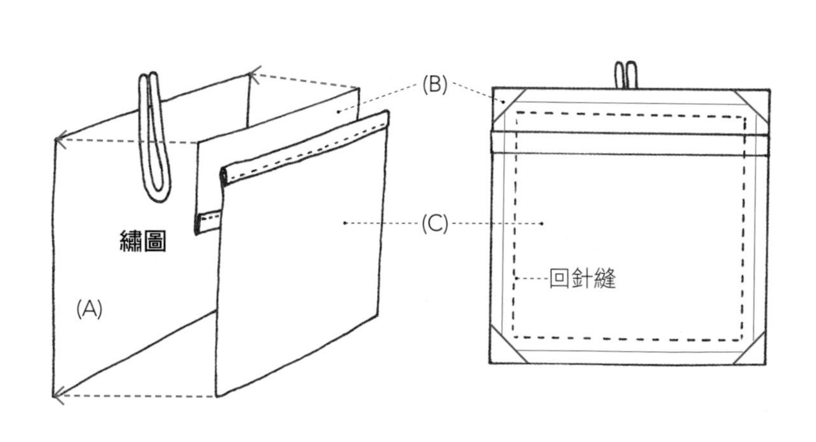

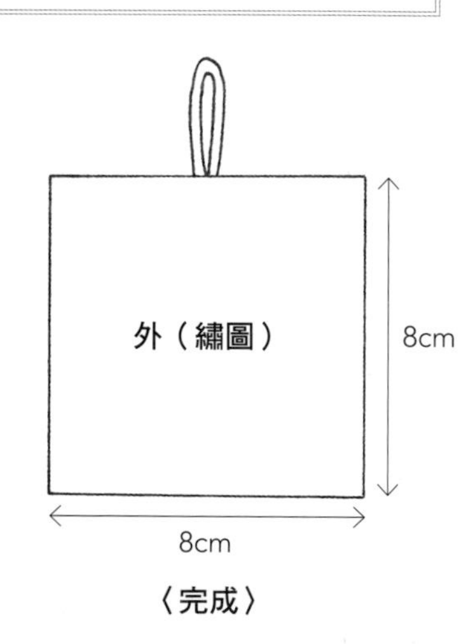

〈完成〉

3 將正面(A)的繡圖朝前，再依序放置緞帶、背面上半部(B)、背面下半部(C)，疊放好後，沿著四邊以回針縫縫合。

TIP｜縫好回針縫之後，可以先把四個邊角及縫份修剪掉，這樣翻面後呈現出來的模樣會更為俐落。

4 把香氛袋翻面，撐開背面(B)和(C)，放入乾燥花即完成。

TIP｜可以把乾燥花裝進茶包袋再放入香氛袋中，這樣乾燥花就不會從縫隙間跑出來，使用起來十分簡便。

3

將繡布製成拉鍊收納包

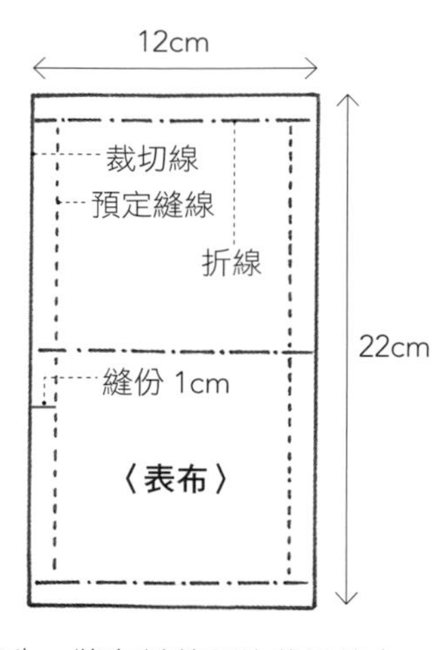

1 首先，將布料剪得比裁切線大一些後再開始刺繡。繡好圖案後裁成12×22cm。

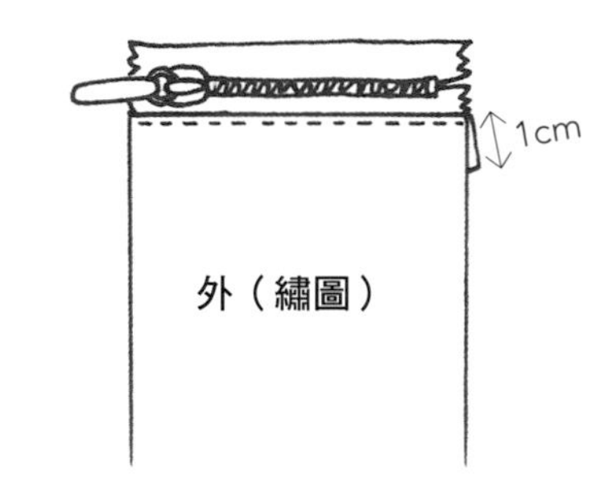

2 將布料往內折1cm後，放到拉鍊上，以回針縫縫合。

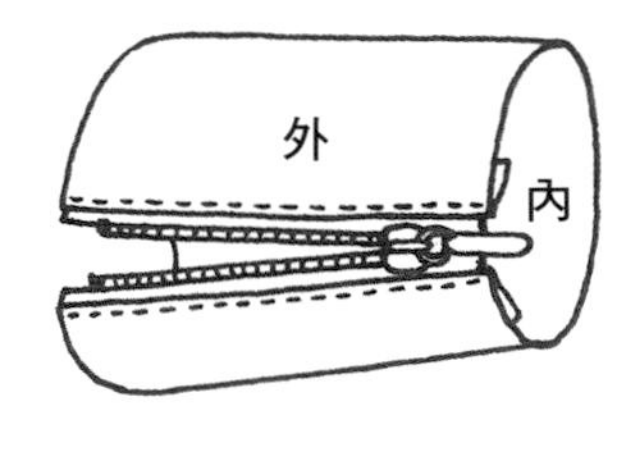

3 另一端也用一樣的方式縫合，讓布料和拉鍊相連。

TIP｜在拉鍊拉開的狀態下做縫合會更順手。

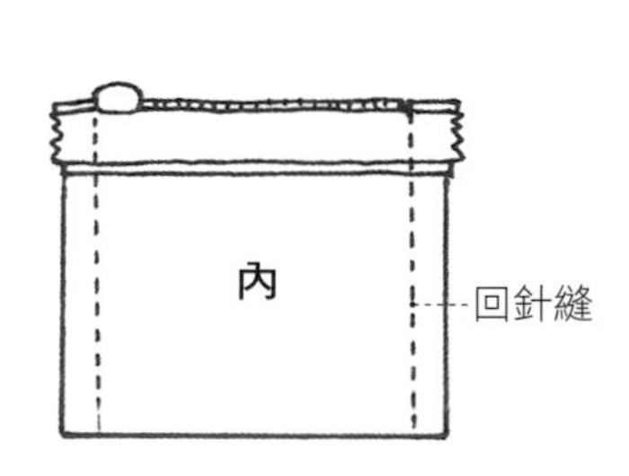

4 由內往外翻，將左右兩邊以回針縫縫合後再翻回來，即完成表布的部分。

11cm
預定縫線
折線
21cm
縫份1cm
〈裡布〉

5 將裡布裁成11×21cm。

折線
內
平針縫
平針縫

6 裡布對折，左右兩側保留約1cm縫份後，以平針縫縫合。

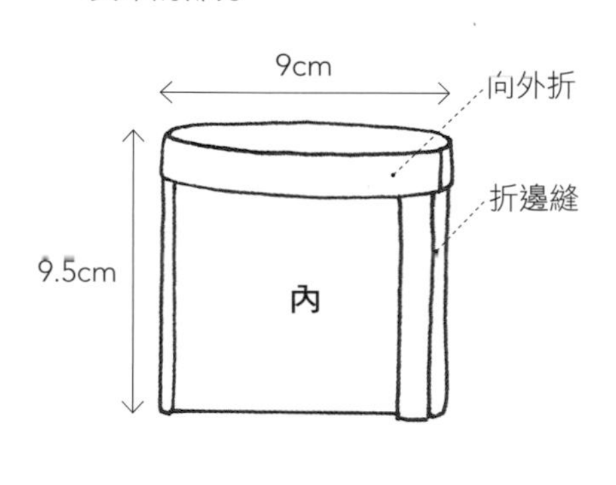

7 使用折邊縫法將側邊縫份縫起來，開口處沿著折線往外折1cm。

裡布
外（繡圖）
10cm
9cm

〈完成〉

8 把裡布塞進先前完成的表布裡，再用藏針縫把兩者縫在一起即可。

MEMO｜藏針縫是在兩塊布的布邊進行縫合，縫好後不會露出明顯的縫線，常用於封口的縫法。

花草刺繡的設計呈現

◇

輕鬆畫出花朵圖案

如果有想繡的特定花朵，就得先蒐集資料。當然有實體花是最好的，沒辦法取得的話，就盡可能多參考以前拍的照片、各種網站或社群平台的圖片（Pinterest、Instagram、Google等等），然後把找到的圖存進資料夾裡。將蒐集好的各個不同角度花圖同時開啟，看著它們來畫草圖。在繪畫的過程中，就得決定到時候分別使用哪些針法。試著畫幾個出來，再從中挑選出最能體現花朵特徵的構圖。一開始可以先畫莖來決定大致上的配置，然後按照花朵的模樣或大小，畫上花瓣和葉子。以普遍的花朵造型來說，在花的中央有花蕊、有放射狀的花瓣，所以只要利用幾何圖案尺，就能輕鬆畫出圖案了。

◇

選擇顏色

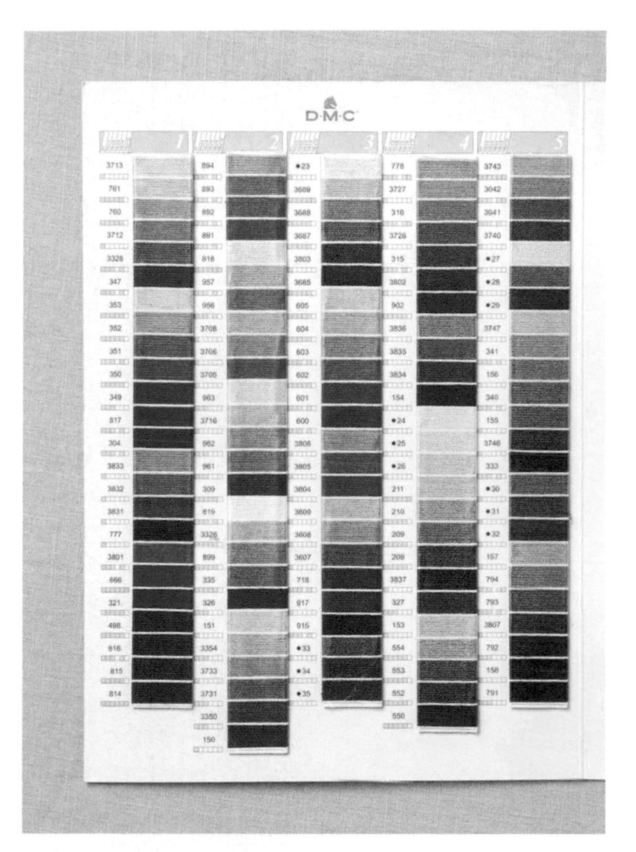

畫完圖案後，接著就是選擇繡線的顏色。參考先前蒐集的圖來選出感覺最相似的顏色。我通常都是使用DMC 25號繡線，而且我有這號線的所有顏色，所以我自己在選繡線時，會把相似色統統拿出來比較。假如沒有全部顏色的繡線，建議購買「DMC繡線實線色卡」，從色卡上挑選再購買。或者，直接到實體店面看著照片挑選。

如果想在一個顏色上做出很自然的變化，可以同時使用預定色號的前後幾個號碼。舉深綠色當例子，可以將3362、3363、3364號色混合使用，這樣就會得到很自然的深綠色調。假若，比起連續幾個號碼的繡線顏色，更想用各種不同顏色混合，或是沒有前後連號的繡線，那麼也可以自己搭配感覺類似的顏色。（譬如，淺綠色～深綠色：471, 934, 935, 3345, 3346, 3347, 3348／粉紅色：23, 151, 3733）

如果是要繡花籃、花束和花環這種多色混合的花朵圖案時，可能會很難立即選好繡線顏色。這時，可以參考喜歡的圖片用色來選繡線。例如參考實際的花籃或花束，或從漂亮的容器、衣服、建築、室內設計、美甲、Pantone色卡等各式物件中獲取靈感，抓取上方有的色彩，打造專屬自己的顏色組合。

• 常見的顏色 •

1. 白色～象牙色系列	BLANC　3865　3866　6
2. 褐色系列	3893　841　840　839　3031
3. 粉色系列	23　151　3733　602　601　600　326　902
4. 黃色系列	746　677　3821　3820　3852　783　782
5. 橙色系列	3854　3853　922　921　920　3857
6. 紅色系列	351　350　349　347　321　304　816
7. 藍色系列	3753　3325　3747　826　156　3807　792　797　823
8. 紫色系列	211　153　209　544　33　34　35　552　154
9. 綠色系列	10　3013　3364　3363　3362　520　319　500　3348　471　3347 3346　3345　935　934　987　986　895　890

Part 1

練習花草刺繡針法的時間

Embroidery Stitch

◇

直針繡／法國結粒繡

雛菊繡／蛛網玫瑰繡

捲線繡／玫瑰花形鎖鏈繡

指環繡／立體結粒繡

斯麥納繡／單邊編織捲線繡

#1

繡出花瓣的針法

直針繡

以直線構成繡圖的基礎針法，可以延伸出多種應用。
平面結繡具有厚實感；繡成放射狀的磨坊花形繡可表現出花朵的模樣；
羊齒繡是由3個直針繡經過同一個點而形成葉脈狀。

1

基本形

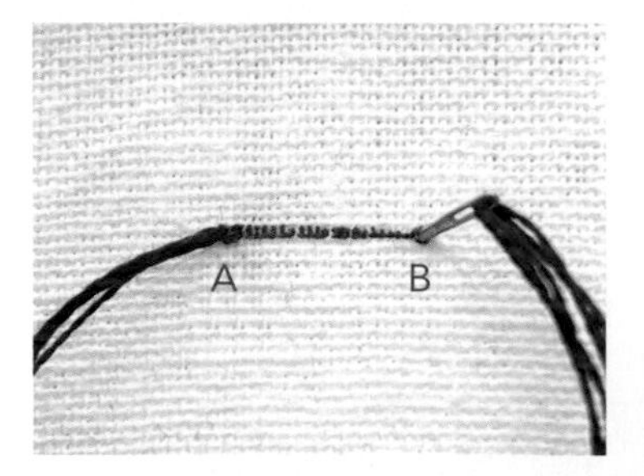

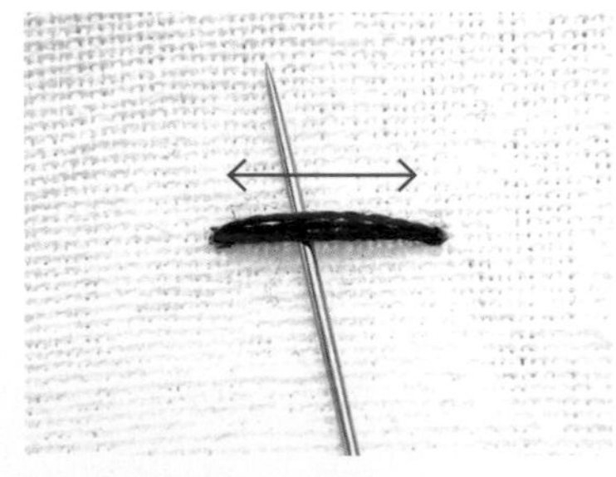

1 從A出針後由B入針。

TIP | 同時使用多條繡線時，還是要先將繡線一股一股抽出再合起來使用，這樣刺繡時線才會整齊而不易打結。

2 把針置於布料和繡線之間，左右移動來順繡線。

3 完成直針繡。

2

平面結繡

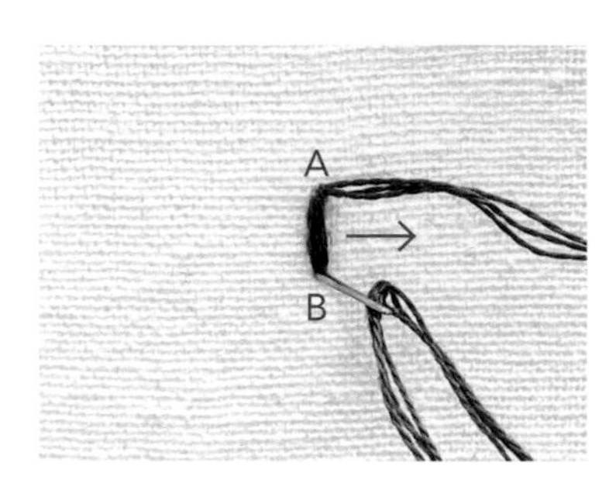

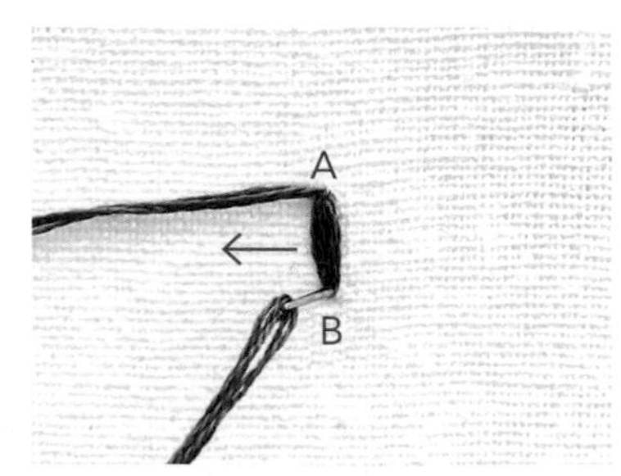

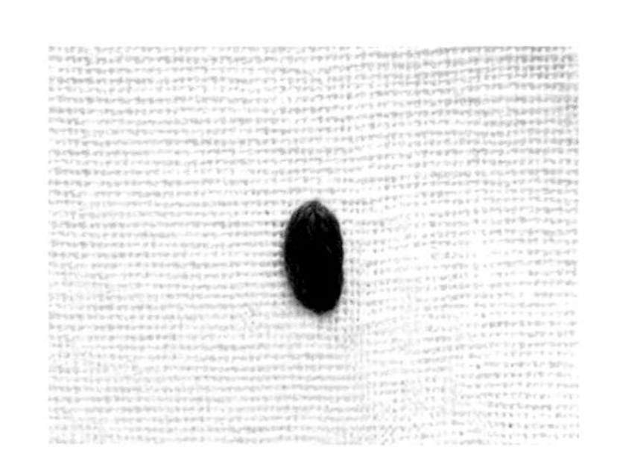

1 先繡一針基本形直針繡(A→B)後，以此線為基準，再一次從A出針，B入針，一邊收線一邊將繡線置於中線右側。

2 接著再次從A出針，B入針，一邊收線一邊將繡線置於中線左側。

3 左右兩側輪流繡，直到達到所需大小即完成。

TIP | 務必在相同的洞上出針、入針，才會有美麗的形狀。

3

磨坊花形繡

1 如圖先畫出一個分成八等分的圓形。使用直針繡，從外圍的圓圈上出針，由內側的圓圈上入針。

TIP｜若從內往外繡，容易因為繡得太過密實，導致縫隙太窄而不好打結。

2 照著圖案與所需間隔來繡。

TIP｜只要事先畫好輔助線就不會繡歪，可以維持漂亮的等間隔。

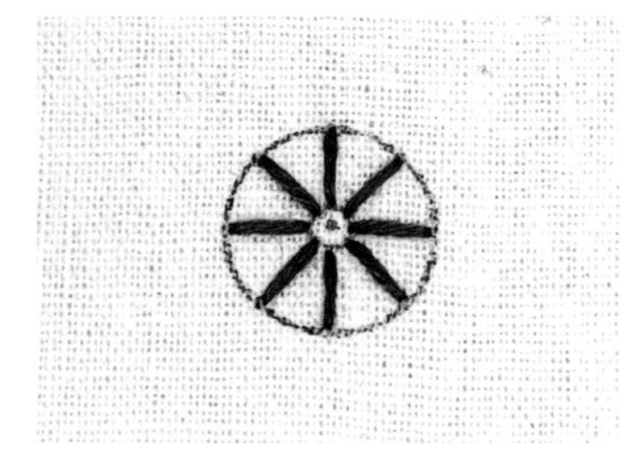

3 依照直針繡的長度、厚度與間隔，就能呈現出不同樣貌的磨坊花形繡。

4

羊齒繡

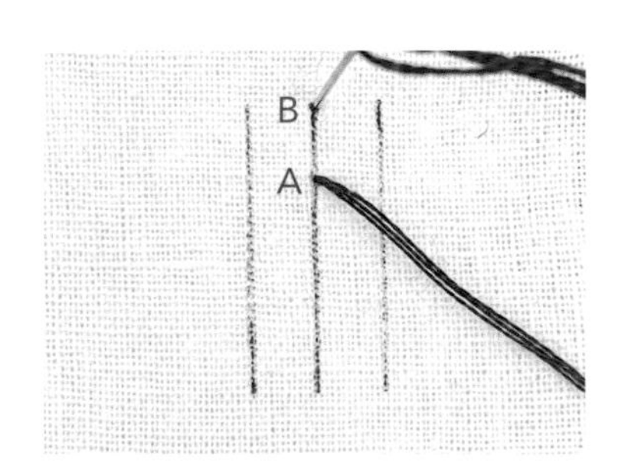

1 從A出針、B入針，繡出第一針直針繡。

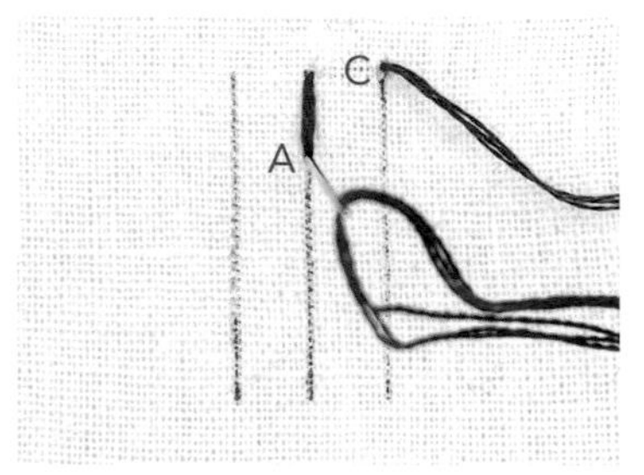

2 接著從C出針、A入針，繡第二針直針繡。

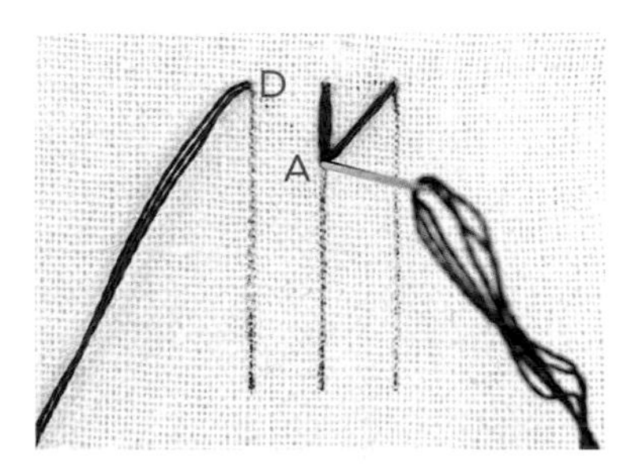

3 從D出針、A入針，繡第三針直針繡。

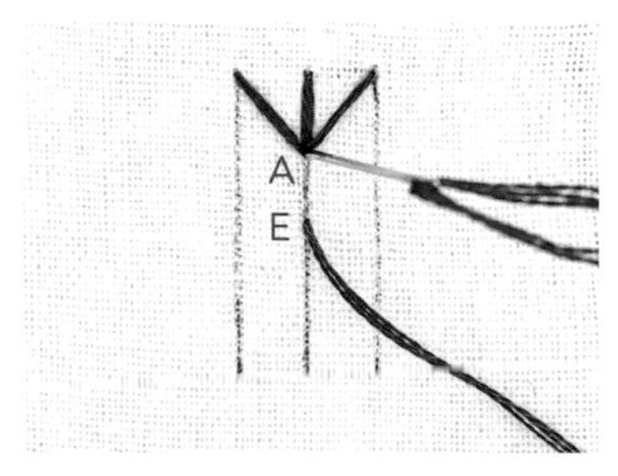

4 一組羊齒繡完成了。接著以同A與B的間距，從下方E出針，並重複操作**步驟**1～3直到所需長度。

5 就像圖片所示，繡出一直線或曲線，可表現出葉脈或樹枝的樣子。

法國結粒繡

此為在針上繞線後形成立體結的針法。

1

基本形

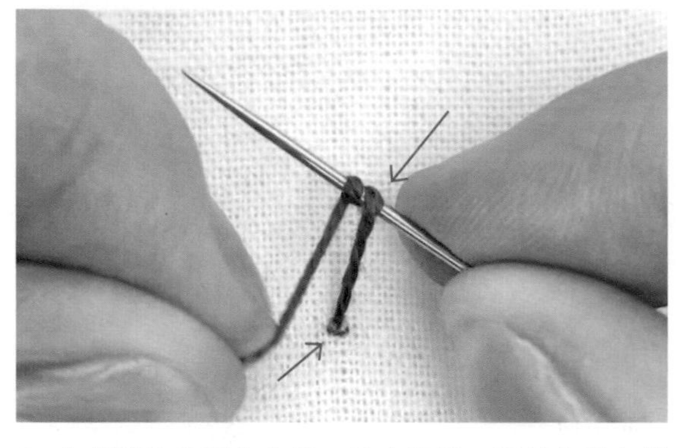

1 在想繡的位置上出針，抽出線後，用線在針上捲繞2～3圈。

TIP｜將線盡可能拉緊，繞好後用手指壓住針上的線，避免鬆脫。

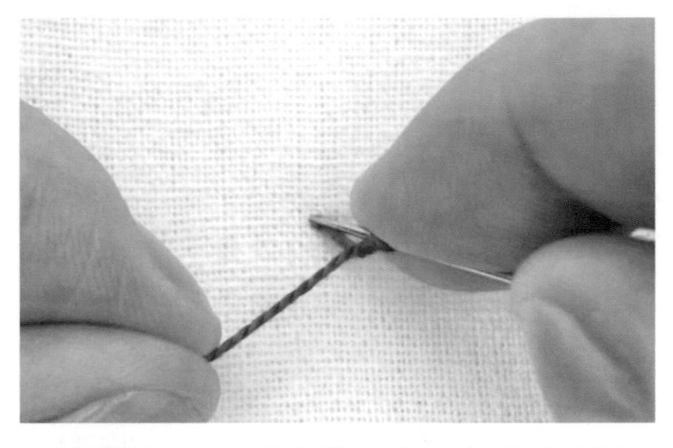

2 壓著繞好的線，從步驟1出針口（盡可能靠近）旁邊，將針尖垂直插入。

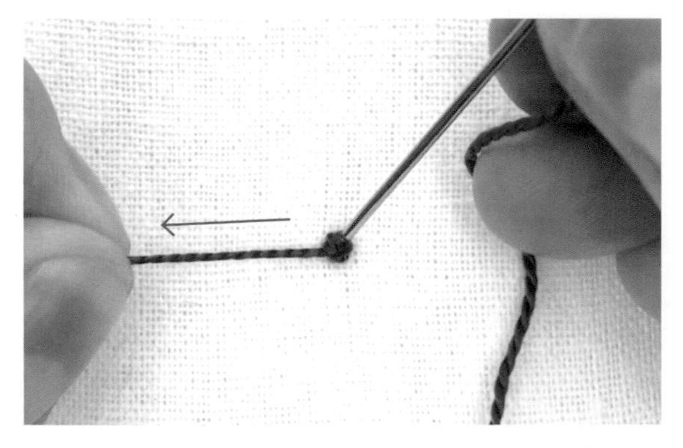

3 壓住繞在針上的線避免鬆脫，同時將線拉緊，讓纏繞處在布面形成一個結，再將針完全穿過去。

TIP｜針穿不過布面時，可略將線結鬆開，入針後再拉緊。拉線時，另一手必須確實抓住線，等拉緊再放開，才能避免結過大或紊亂。

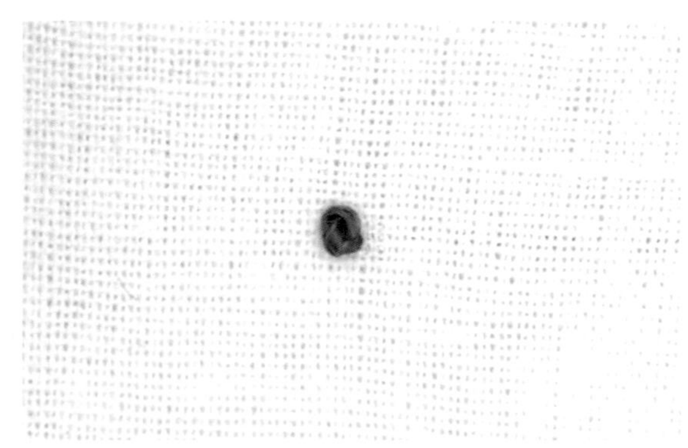

4 針線完全穿過布料後，即完成法國結粒繡。

TIP｜安裝繡框時必須將布拉平整，繡起來才會順手。

2

直線形

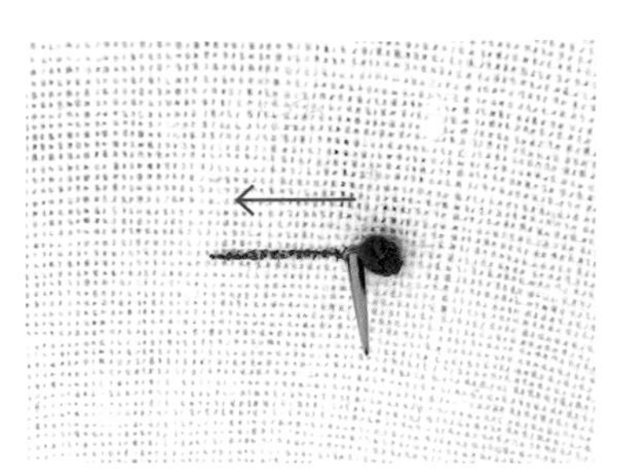

1 沿著直線、緊貼著剛繡好的結出針。

TIP | 以右撇子而言，從右往左繡較順手。

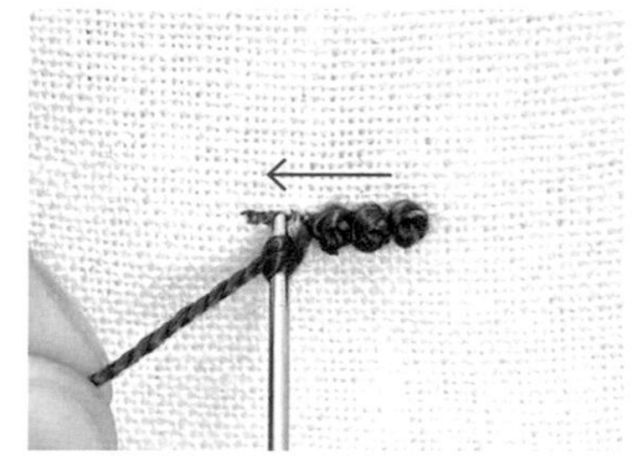

2 將線繞在針上，並在直線上入針，重複繡出法國結粒繡。

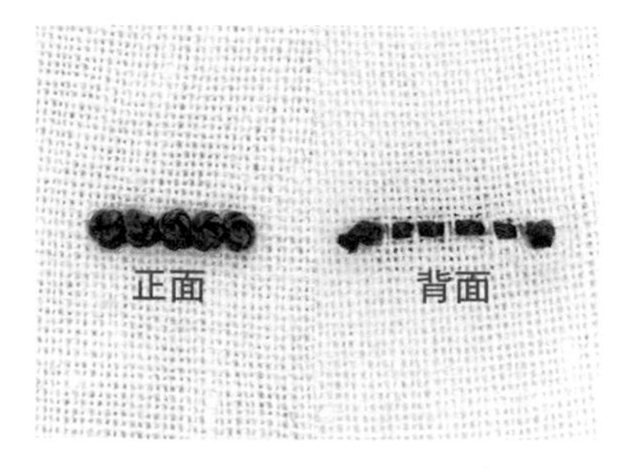

3 只要沿著直線出針和入針，就不會繡歪了。背面的繡線會長得像平針縫。

3

圓形

1 就跟繡直線形一樣，以順時鐘方向沿著圓圈重複繡出法國結粒繡。

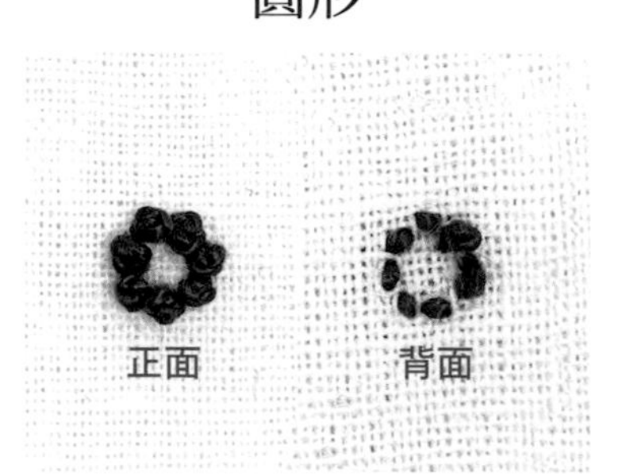

2 先沿著圓把外圍的部分繡好。

3 最後填滿中間空隙即完成。

TIP | 如果要繡的圓比較大，就從靠近外圍的地方往內一圈一圈、密實地補滿。

雛菊繡

此針法能表現花瓣和葉子的可愛水滴形狀，
常會搭配直針繡一起使用，或是以雙雛菊繡來做延伸應用。

1

基本形

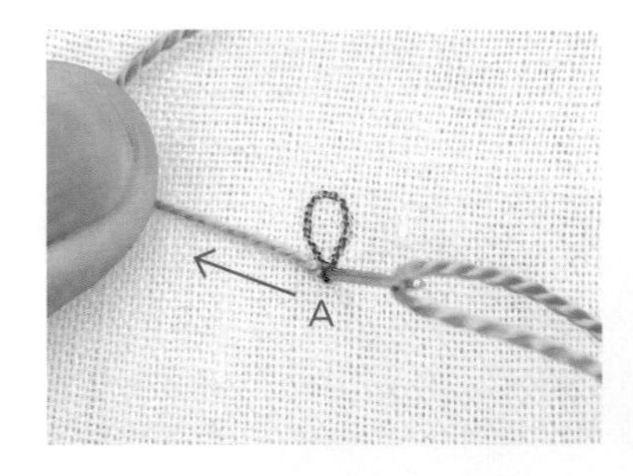

1 從A出針，將繡線擺在左邊，再次緊貼著A入針。

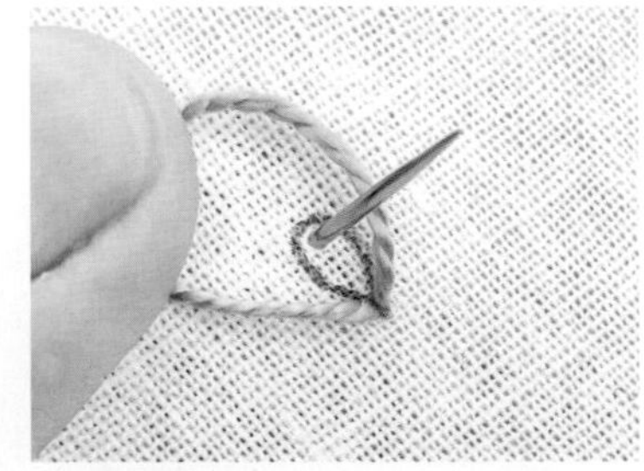

2 緩慢地拉緊線、形成一個環，然後根據繡線的粗細，於圖案的另一端、線條內側出針。這樣才不會繡得比圖案還大。

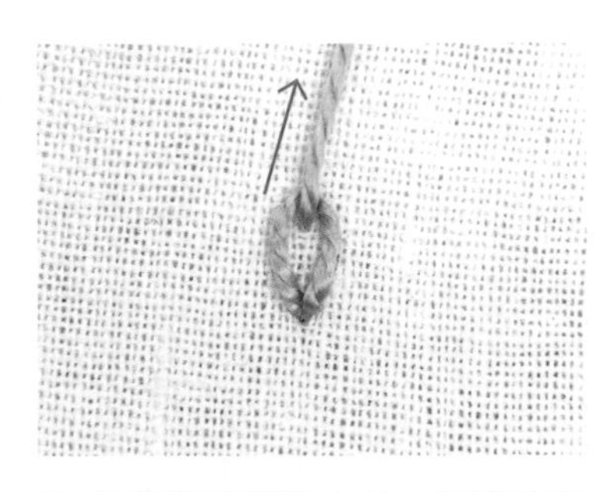

3 輕輕將繡線往上拉，讓環的形狀正好符合圖案的形狀。

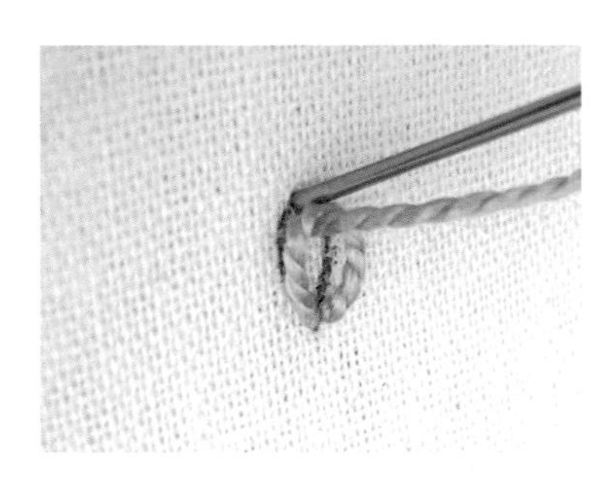

4 然後從環的外側、圖案線條上入針，拉緊線來固定環。

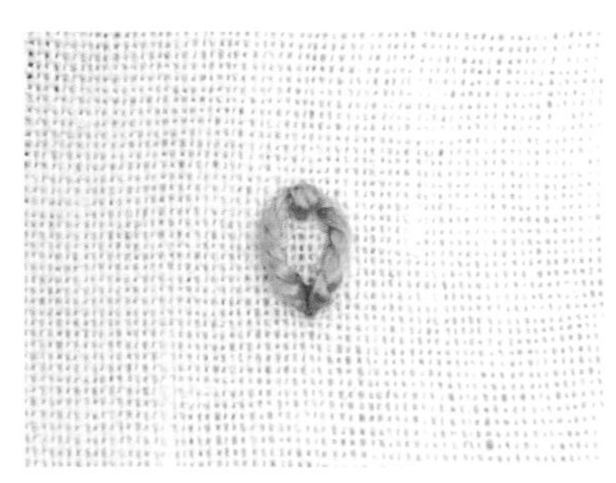

5 完成水滴形狀的雛菊繡。

2

雛菊＋直針繡 ①

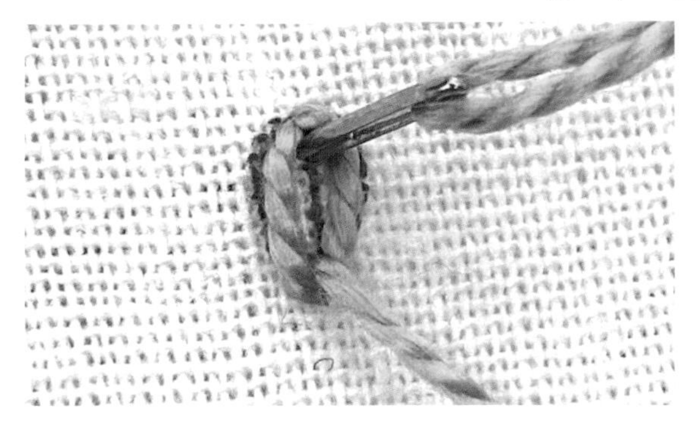

1 從雛菊繡的內側下方出針、然後於上方入針，在內側繡出一個直針繡。

2 這樣就完成了將中間填滿的針法。

3

雛菊＋直針繡 ②

1 從雛菊繡的起始點出針，在環的另一端入針，繡一個直針繡。

2 此時，會遮住原本雛菊繡上方圓圓的地方，變成較尖的水滴形。

4

雙雛菊繡

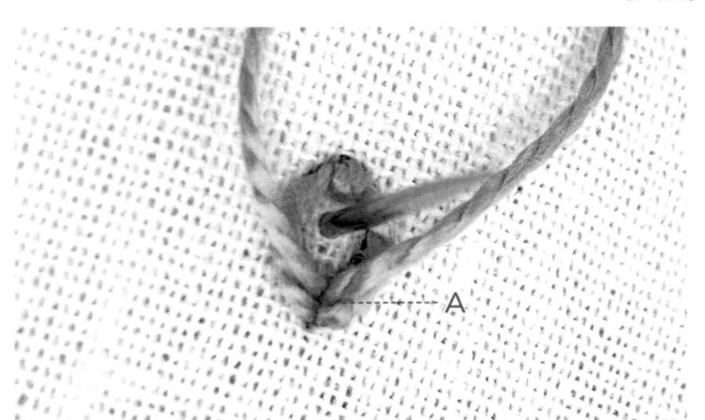

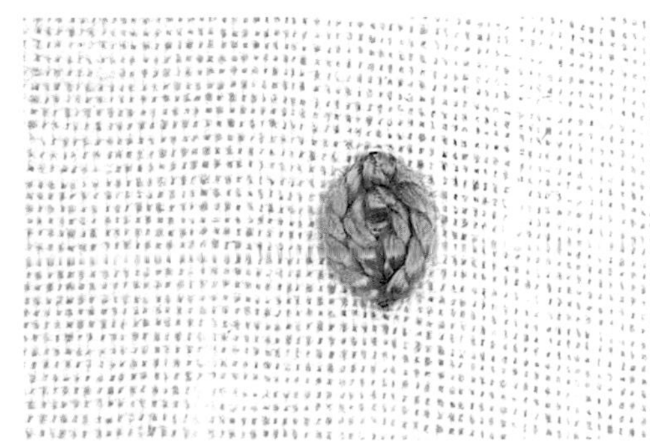

1 在第一個雛菊繡的A內側出針，並緊貼著A再入針，形成一個環。接著在內側另一端、靠近第一個環的位置出針，拉緊線。記得預留符合繡線粗細的空間。

2 最後在第二環的外側、靠近第一個環的位置入針，線拉緊完成第二個雛菊繡。即為雙雛菊繡。

蛛網玫瑰繡

讓繡線在奇數的支架線上彼此交叉通過，
交織成相似蜘蛛網的模樣，打造出玫瑰花的形狀。

1

基本形

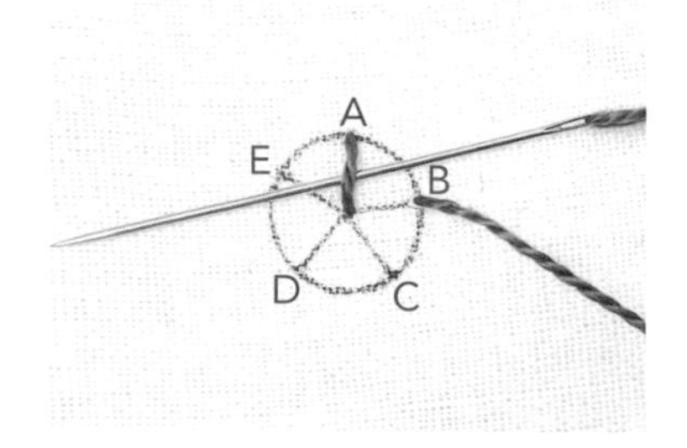

1 如圖先畫出一個分成五等分的圓形。 從A出針、由圓心入針。再從B出針，讓針通過第一條線下方，然後由D入針。

TIP | 別把繡線拉得太緊，要鬆一點，在繞線時才不會感到吃力。

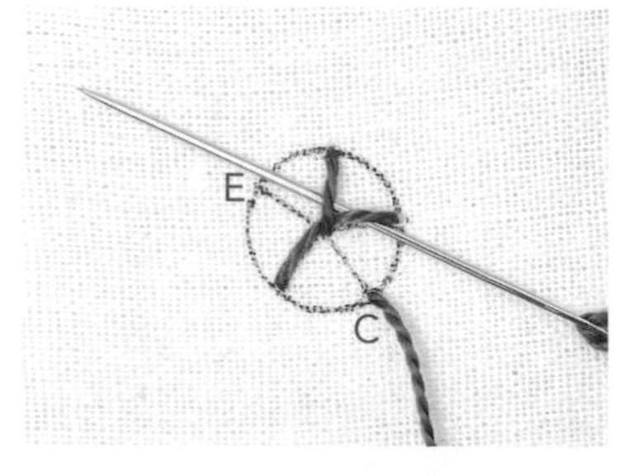

2 從C出針，再次通過先前兩條線，由E入針。此時就形成了5條支架線。

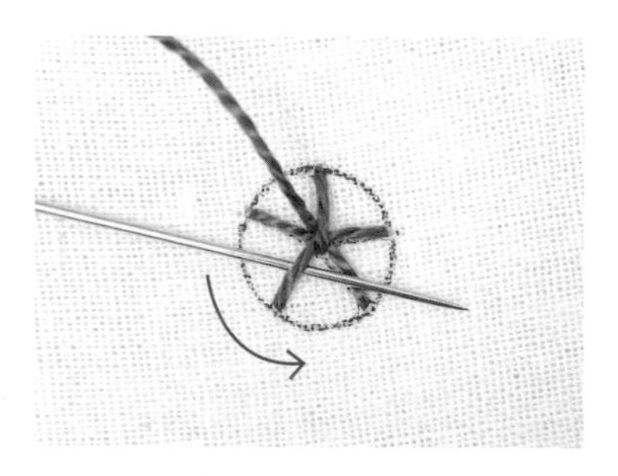

3 在靠近支架中央處出針。在5條支架上依逆時鐘方向「一上一下」輪流通過來繞圈。

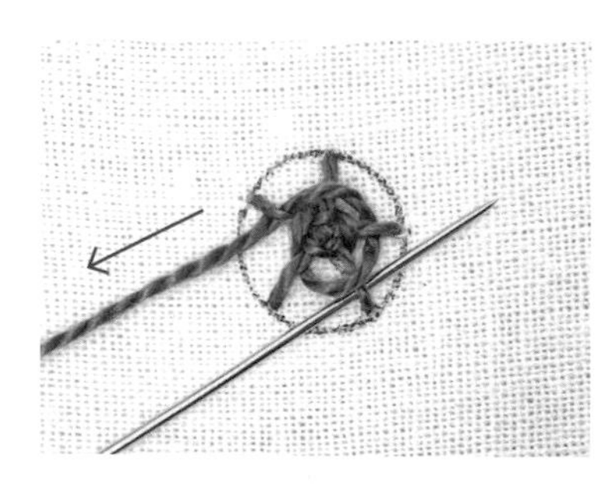

4 在一開始的2～3圈時要拉緊線，讓線往中心收緊。等到形狀變圓了，就轉為輕輕地邊拉邊繞，像是把線包起來一樣。

5 將線繞到再也看不到支架之後，緊貼著邊緣的線入針。

6 完成蛛網玫瑰繡。

2

甜甜圈形

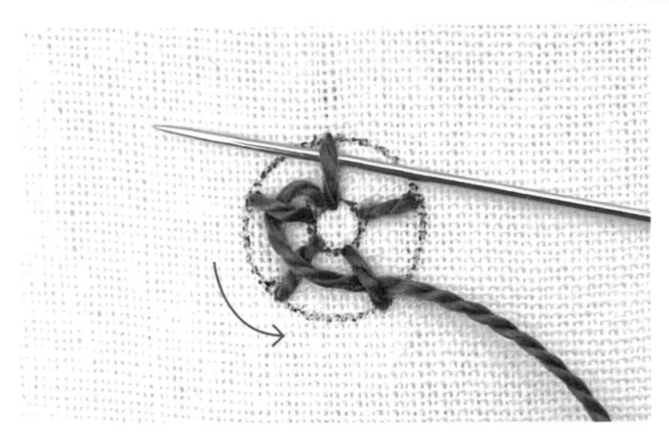

1 先沿著圖案線條繡出5條支架（從外圈的點出針、由內圈的點入針，依序完成5條線）。從兩條支架之間出針後，依逆時鐘方向「一上一下」輪流通過支架的線來繞圈。

2 將線一圈一圈繞到看不到支架為止，完成中空的蛛網玫瑰繡。

TIP | 如果先用法國結粒繡或緞面繡來繡中空的部分，然後再繡蛛網玫瑰繡，就會是一個具有完整度的花朵。

捲線繡

此針法是透過把線捲在針上來做出立體感。
可依據所使用的繡針大小或繡線股數，表現出不同厚度的捲線繡。

1

基本形

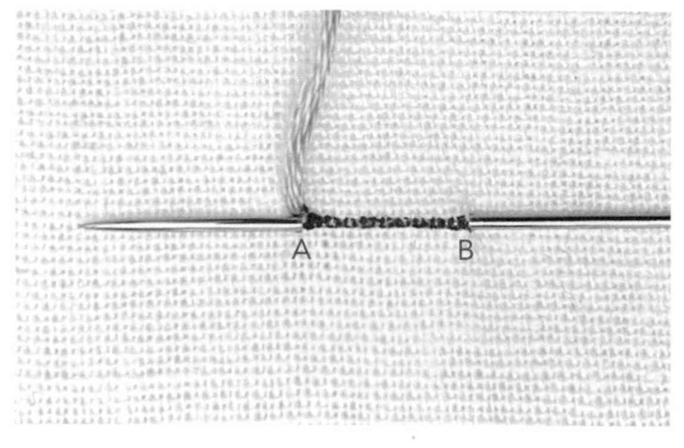

1 從A出針後，由B入針，再從A出針，但不把針從布面抽出來。將線置於針的右側。

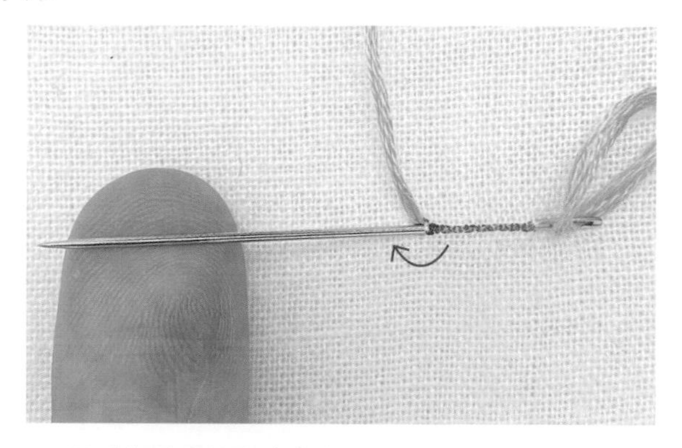

2 用手指稍微把針尖抬起，將線依順時鐘方向捲在針上。

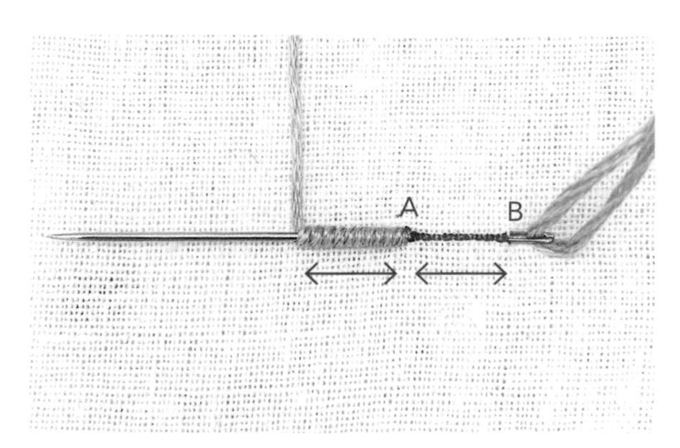

3 將線捲成與A、B兩點距離同寬的長度。

TIP｜線要是捲得太緊，針會很難抽出，邊拉邊捲時保持不會鬆脫的程度即可。

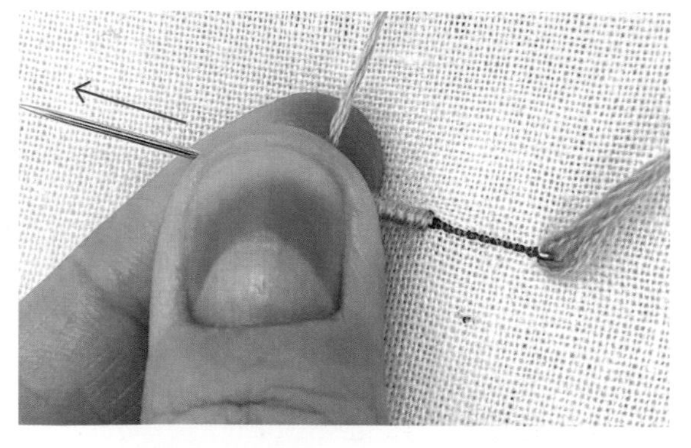

4 為了不讓捲好的線鬆脫，用手指捏住線，同時把針拉出。

TIP｜若太緊抽不出來，可以適度往線捲繞的反方向轉動針，稍微鬆開線後再抽出。

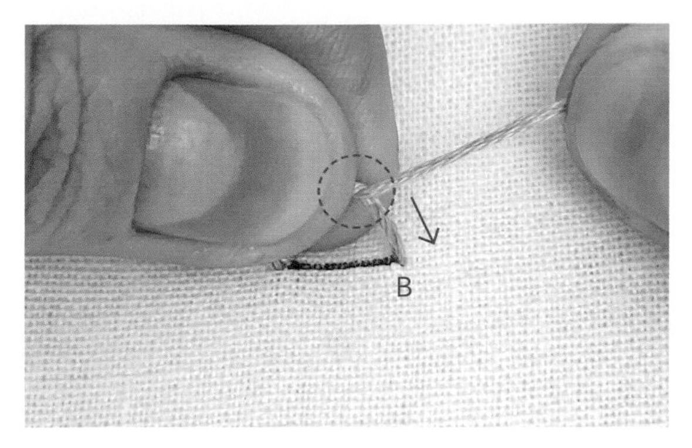

5 繼續捏住捲好的線，並把線拉往另一端點(B)、貼近布面。

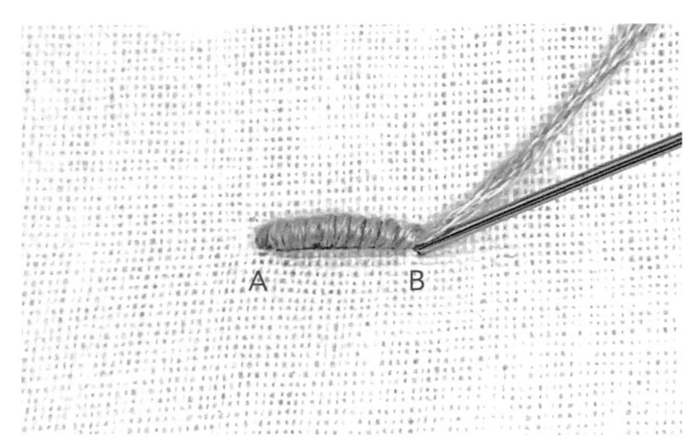

6 再次由B入針。

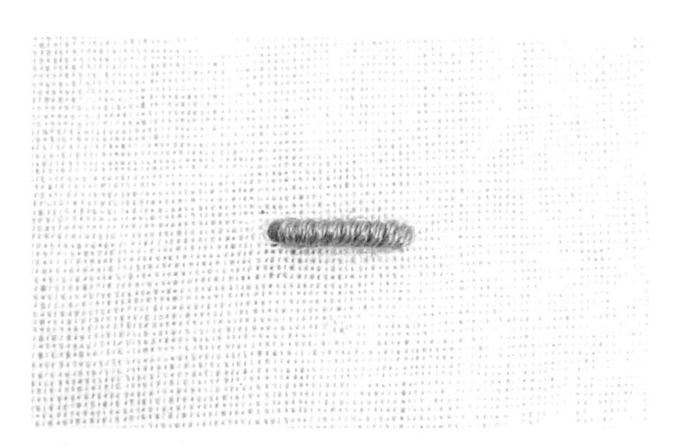

7 完成捲線繡。

環形

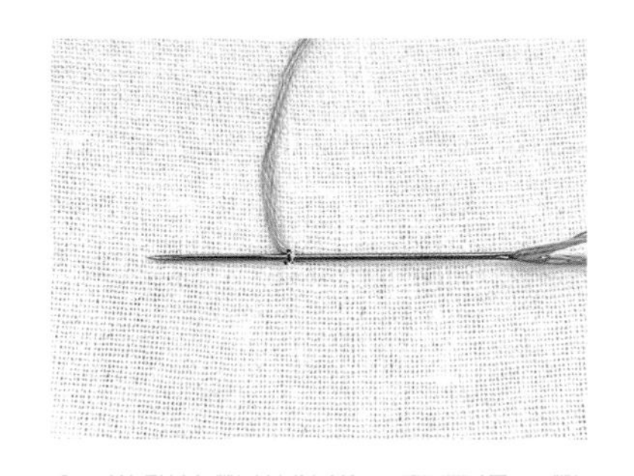

1 從起始點出針後，在旁邊一點點的位置入針，再從起始點出針，但不把針抽出來。

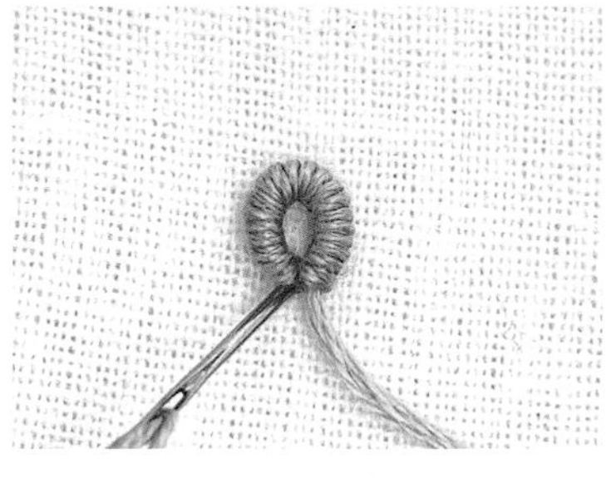

2 開始捲線，但要把線捲成所需長度的兩倍，然後用跟基本形一樣的方法拉針。讓捲好的線盡可能貼近布面，再由起始點入針。

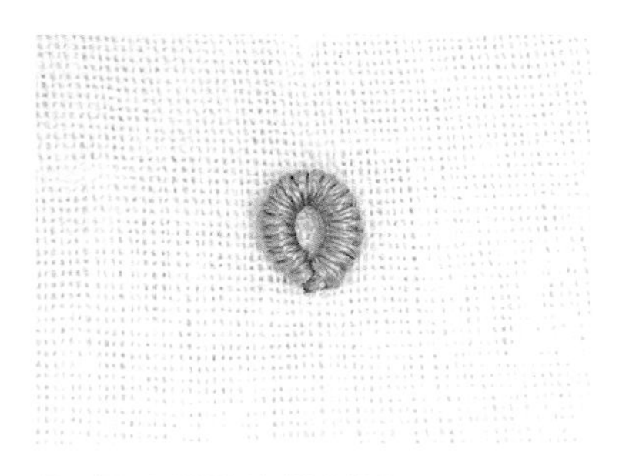

3 完成環形的捲線繡。

玫瑰花形鎖鏈繡

此針法是要將纏繞的線固定住，關鍵在於拉線力道的調整。
有時會直繡一排來填滿一個面，有時也會繡放射形來做出花朵的形狀。

1

基本形

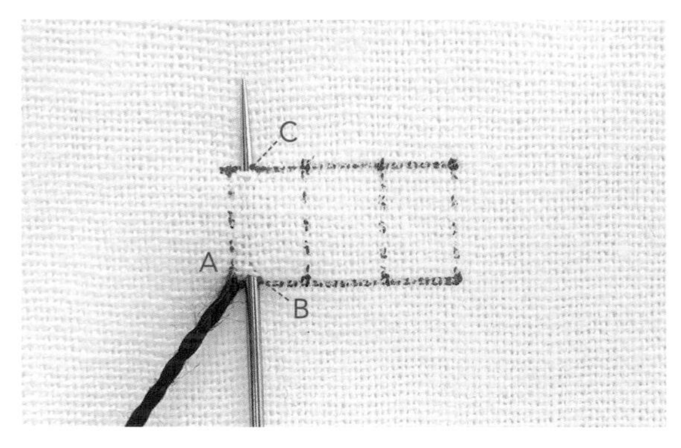

1 從A出針後，緊貼著從B入針、C出針，但不把針抽出來。

TIP | 可以事先畫好輔助直線，這樣就不太會繡歪。

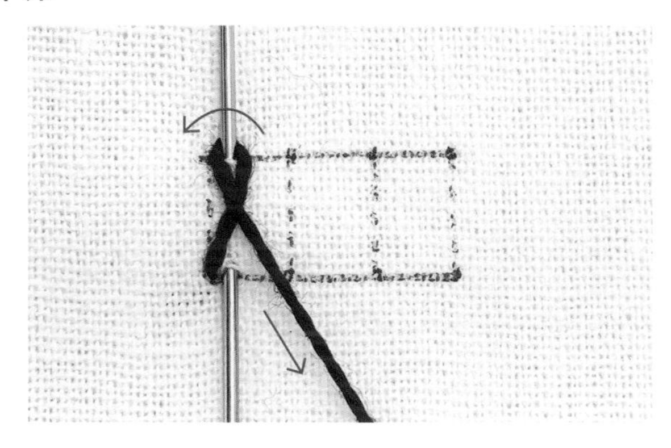

2 將線依逆時鐘方向掛在針上，讓它緊貼在布面和針之間，然後往上方抽出針，並把線拉緊。

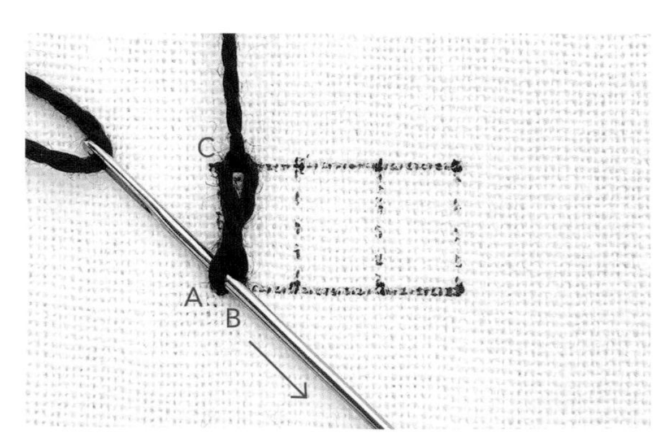

3 形成纏繞的環後，確實抓住從C出來的線，以免環變得鬆散，接著讓針從A和B之間穿過去並拉緊線。

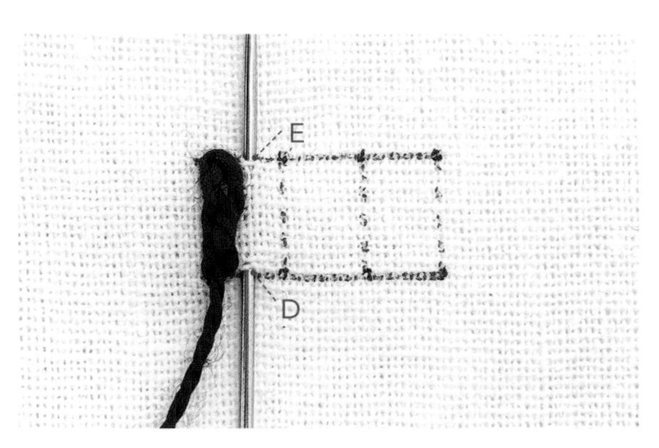

4 這樣就完成一組了。接著緊貼著第一組，從D入針、E出針，但不把針抽出，如此重複**步驟**2～3的操作。

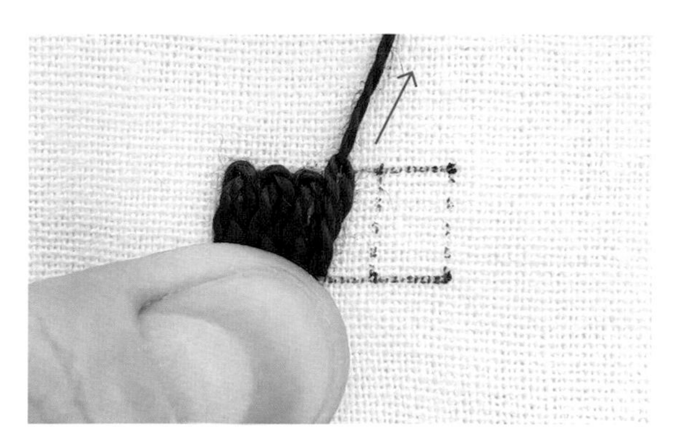

5 在拉針的時候要用手壓住前面繡好的地方，免得繡好的部分被拉扯到。

6 繼續繡到填滿圖案，完成最後一組後直接由最右側入針。

7 完成玫瑰花形鎖鏈繡。

2 放射形

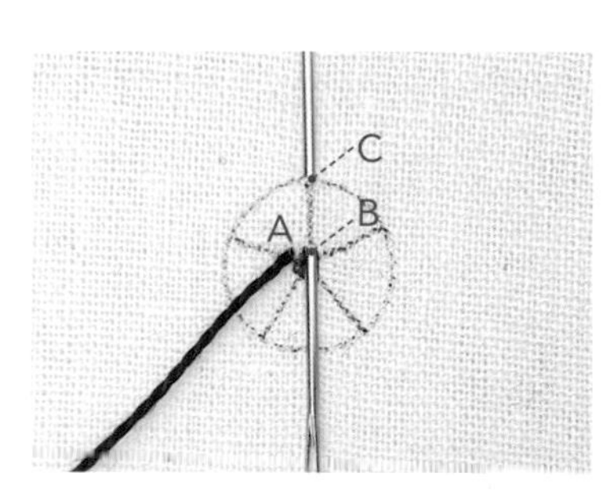

1 如圖先畫出一個分成五等分的圓形。從靠近中心點、兩線條之間的A出針，再由B入針、C出針，但不把針抽出。

2 沿著圖案線條繡出基本形的玫瑰花形鎖鏈繡。完成最後一組後，由第一組的環中間入針，如此把整個串聯在一起。

3 完成放射形的玫瑰花形鎖鏈繡。

指環繡

此針法會做出指環形狀，且只有環的一端連接在布面上。
進階的繞線指環繡，可以藉著各式各樣的應用，做出蓬鬆的花瓣。

1

基本形

1 在起始點出針，把穿出來的線擺放在左側。再次由起始點入針並拉線。

2 直到將線拉到形成所需大小的環後，就從環的外側出針、內側入針，用直針繡來固定環的下方。

3 完成指環繡。

2

繞線指環繡

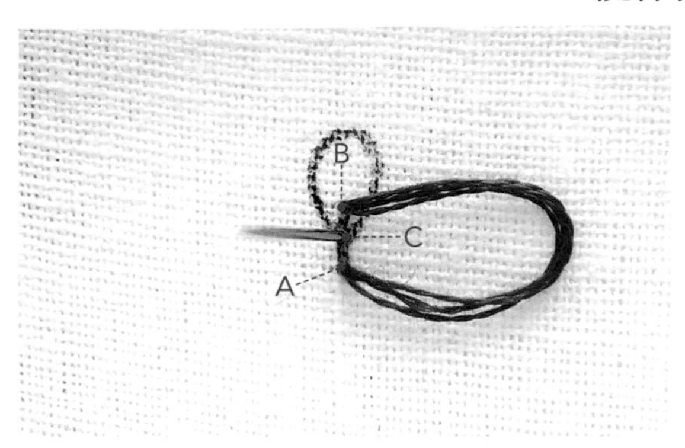

1 從A出針、由B入針，把線置於右側來拉線。線拉一半時，從C出針，往左側抽出來。

2 線端擺在左側，取一支輔助針穿過布面。

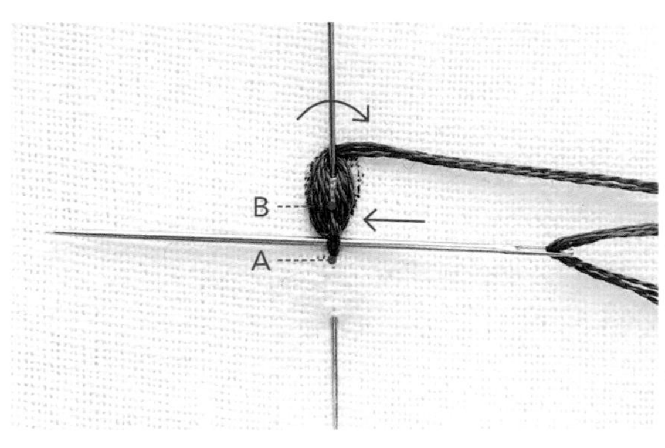

3 讓線繞過輔助針後面，並穿過A與B之間的直線。反覆此動作，直到繞出所需大小。

TIP | 繞線時盡量貼著布面，這樣抽掉輔助針之後，線才不會立起來、顯得不平順。

4 繞到最後一圈，在線從左側穿出來的狀態下，由指環的下方入針。

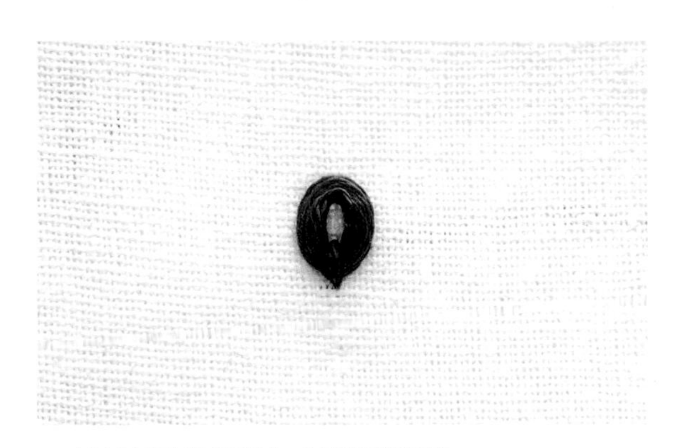

5 抽掉輔助針後即完成繞線指環繡。

立體結粒繡

此針法在針上堆疊出線環，
適合用於呈現又薄又長的花瓣。

1

基本形

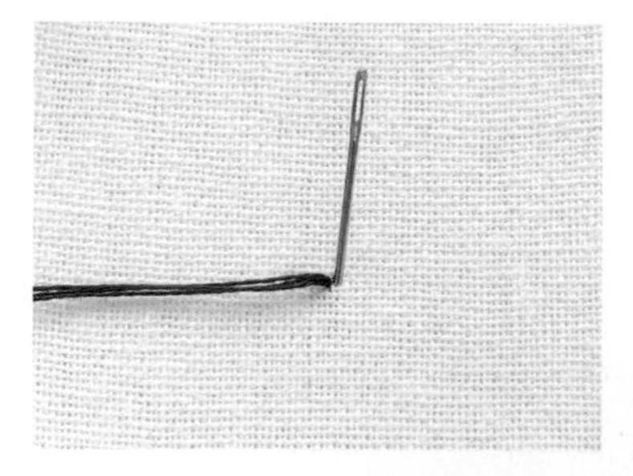

1 在起始點出針。線穿出來後把針線分離，緊貼著起始點將針插入布面。

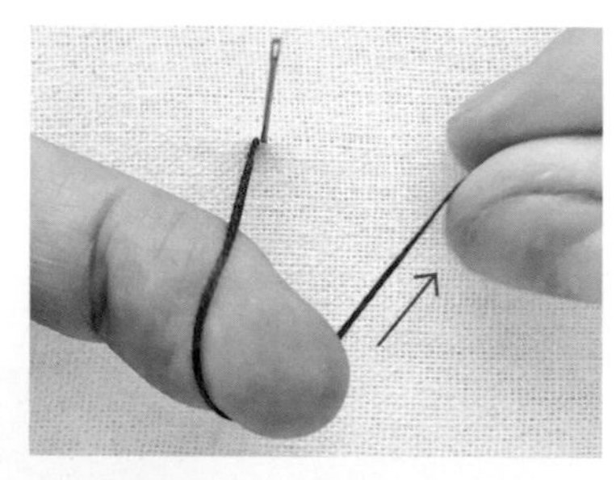

2 如圖所示，將線繞在手指上，而另一隻手抓緊線。

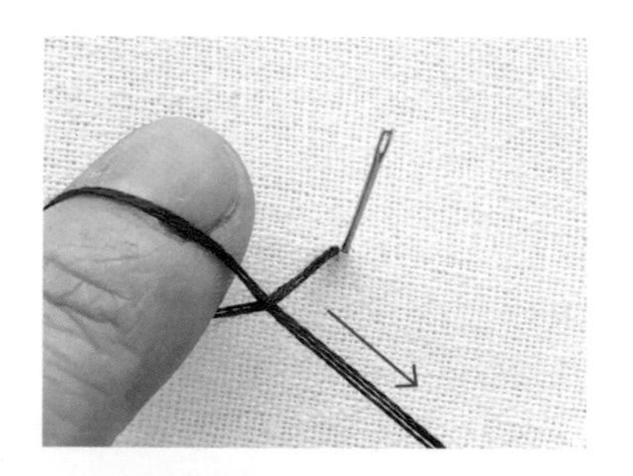

3 讓線保持緊繃的狀態，把手指轉一圈，做出一個環。

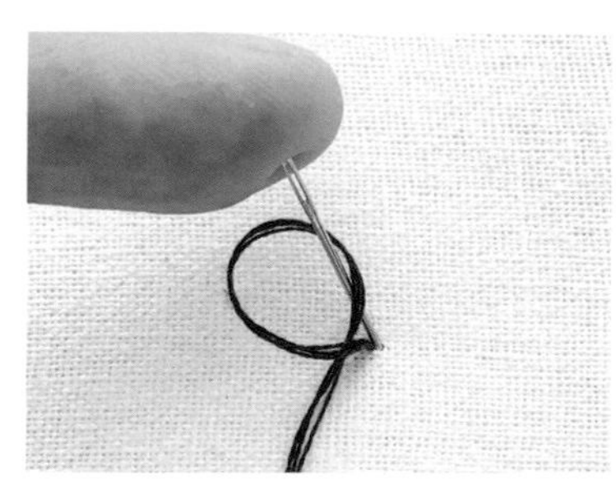

4 將手指移到針眼上方，順勢把環移至針上。

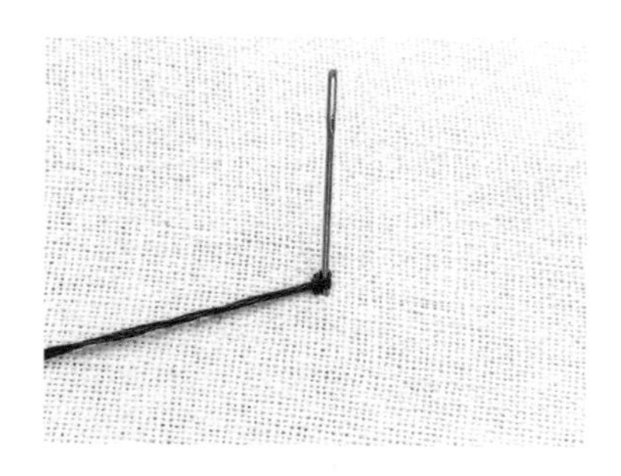

5 拉緊線，讓環緊貼布面。

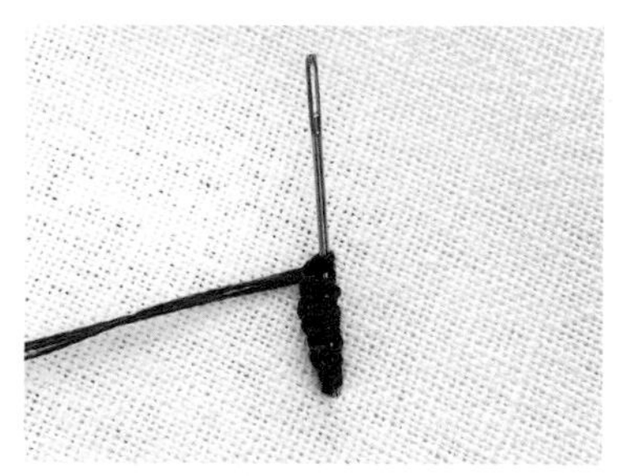

6 重複**步驟**2～5，直到環推疊到所需長度為止。

TIP | 每次都要以相同的力道來拉線，讓每個環都等長，最後的形狀才會好看。

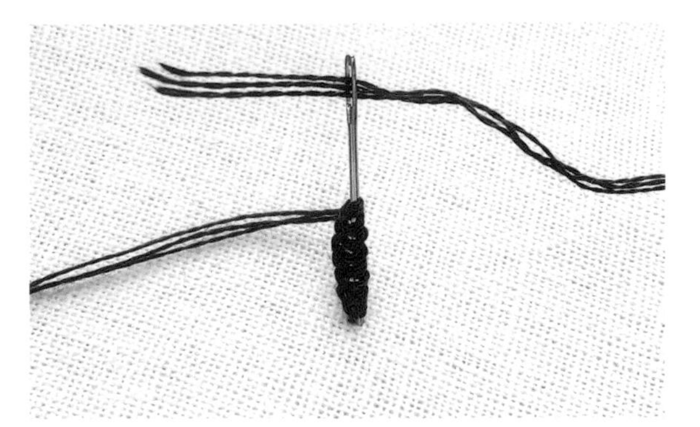

7 把線穿回針眼，再把針往下拉、讓線穿過布面。

8 完成立體結粒繡。

連結形

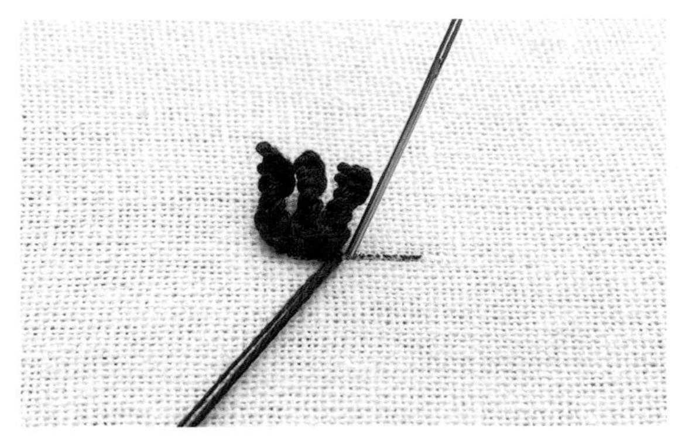

1 在直線上重複一出針一入針，以及基本形的立體結粒繡。

2 每個環拉線的方向都統一與第一針相同，這樣纏繞出來的形狀才會一致。

3 只要繡得很緊密就大功告成。

3

兩段立體結粒繡

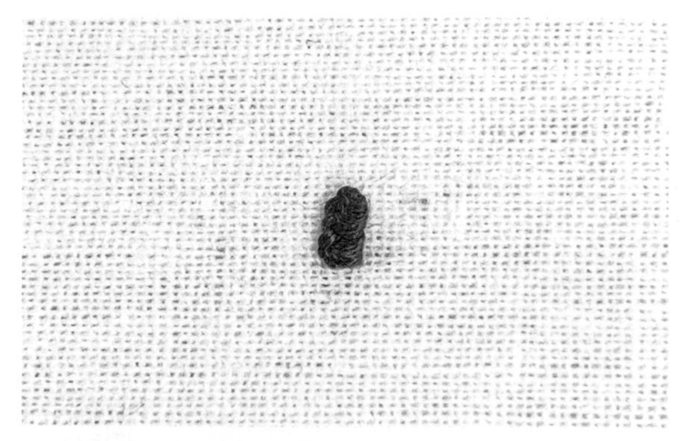

1 依所需長度繡出基本形的立體結粒繡。

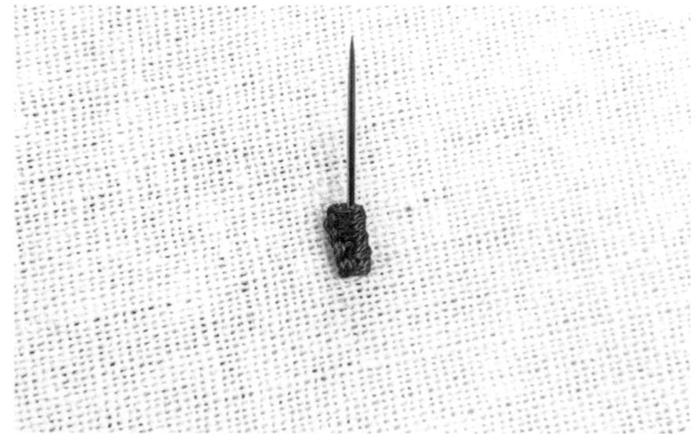

2 換另一條顏色的繡線後，從繡好的環上出針。

TIP | 用比步驟1小一點的針，這樣出針和入針都會更容易輕鬆。

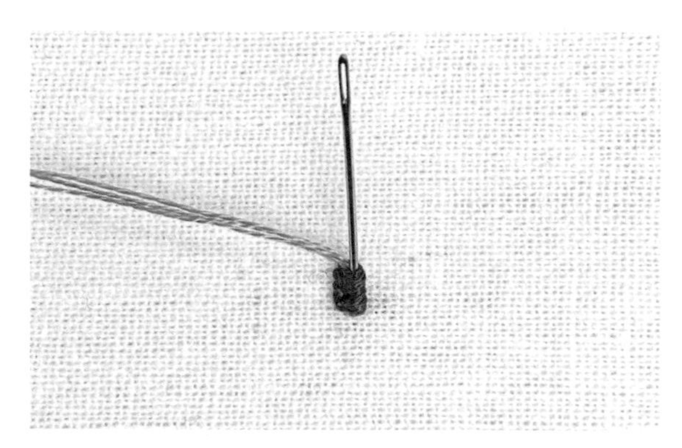

3 針線分離，然後再把針插回環內。

4 依照基本形的立體結粒繡作法，重複繡出環，直到所需長度。

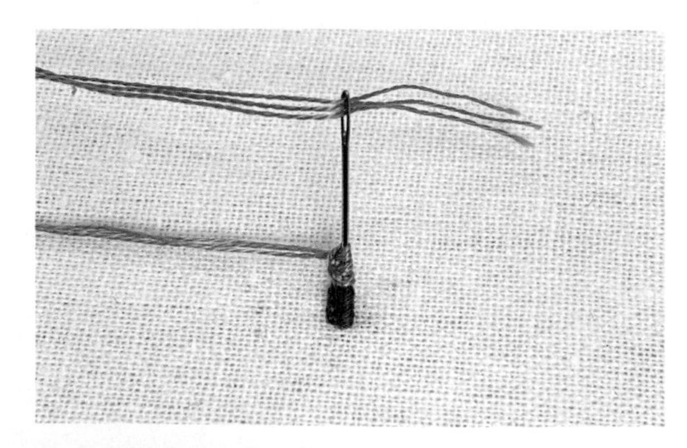

5 把線穿回針上後，從下方抽出。

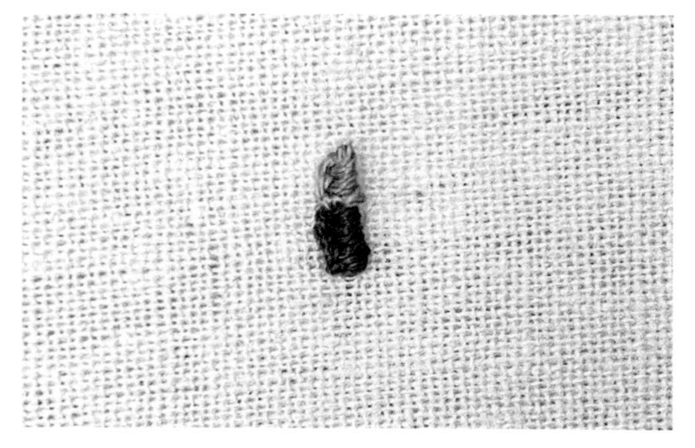

6 完成兩段立體結粒繡。

斯麥納繡

又被稱作「土耳其結粒繡」或「戈耳狄俄斯結繡」。
先做出線環，環的另一端線可剪可不剪，藉此表現蓬鬆的花瓣。

1

基本形

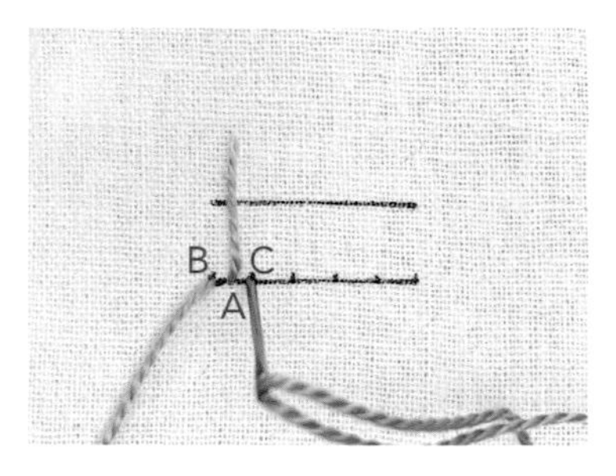

1 線端不打結，由A入針、拉線，預留一點長度在布面上。從B出針、C入針。

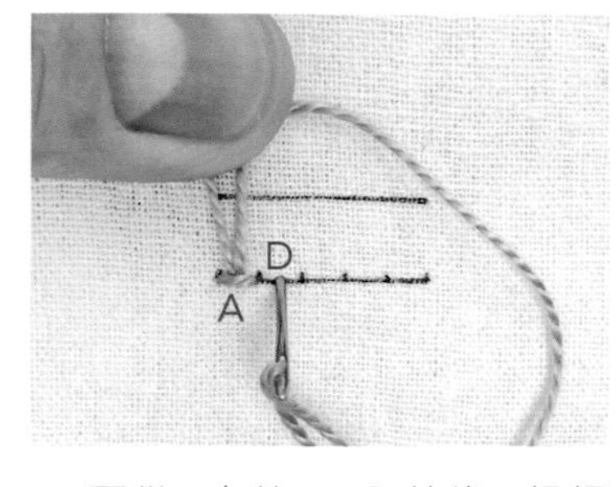

2 再從A出針、D入針後，慢慢拉線形成一個環。

TIP | 從C入針後拉線，在快要拉到底之前，就從A出針再拉緊。

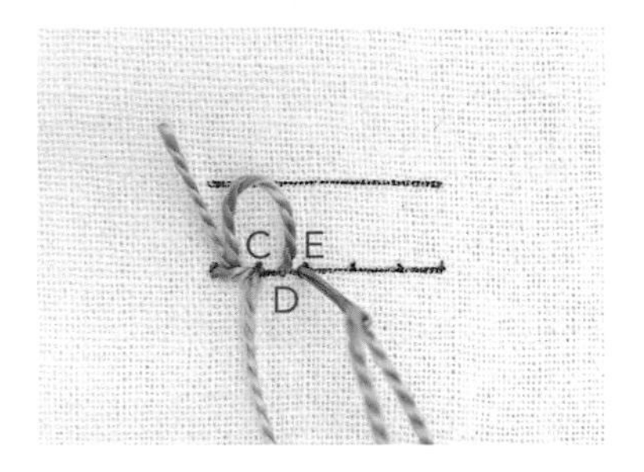

3 用手壓住做好的環，好讓環不被拉動到。從C出針、E入針來固定環。

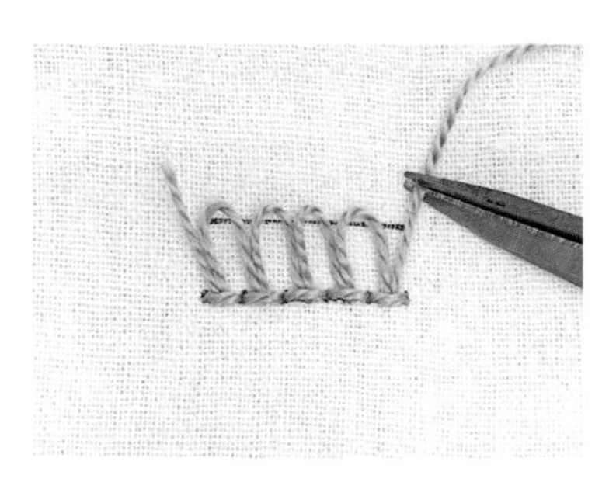

4 重複**步驟**2～3，製作出數個環，從最後一組的中點出針、把線剪斷。

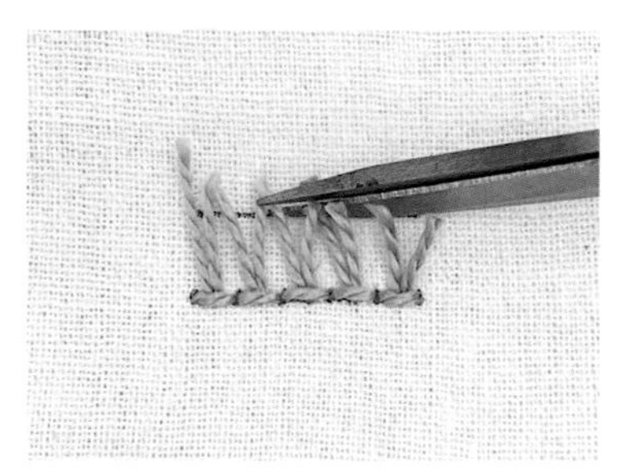

5 將全部的環都剪斷，並修剪至所需長度。

6 完成斯麥納繡。

2

環形

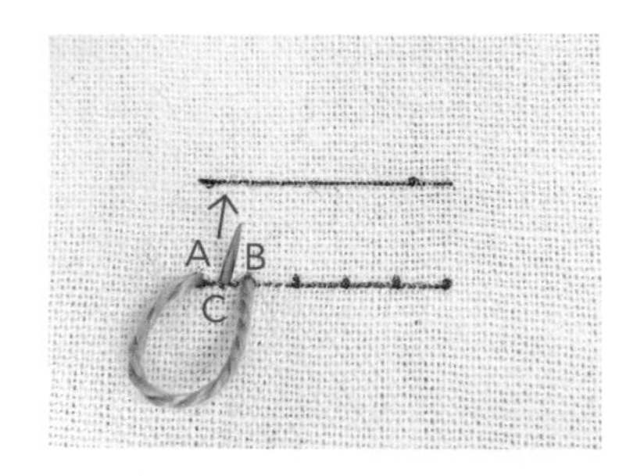

1 從A出針、B入針。在線全部拉緊之前從C出針，並把線往上拉。

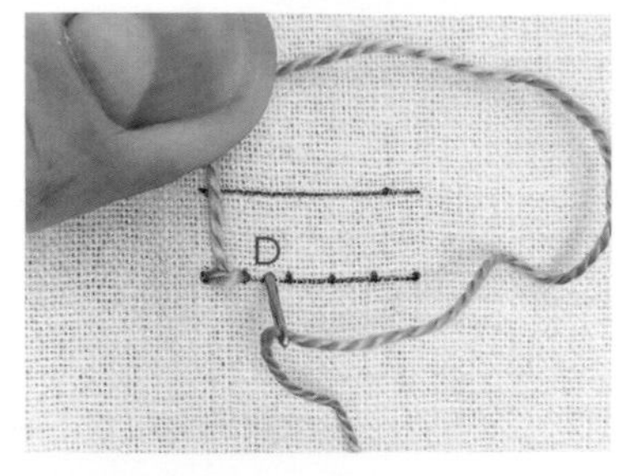

2 由D入針，依照所需長度來製作第一個環。

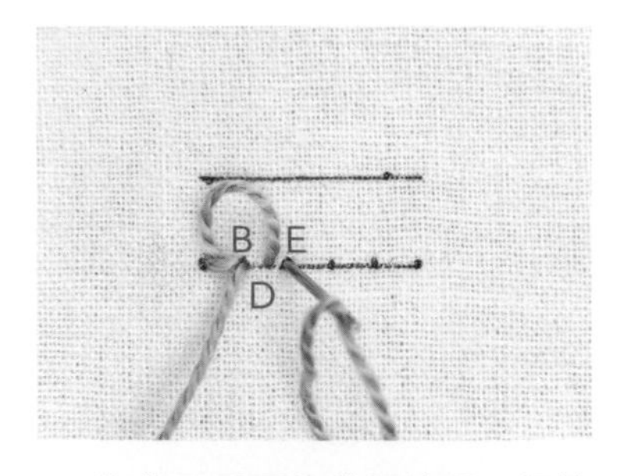

3 接著用手壓住做好的環，好讓環不被拉動到。從B出針，再由E入針，固定住環。

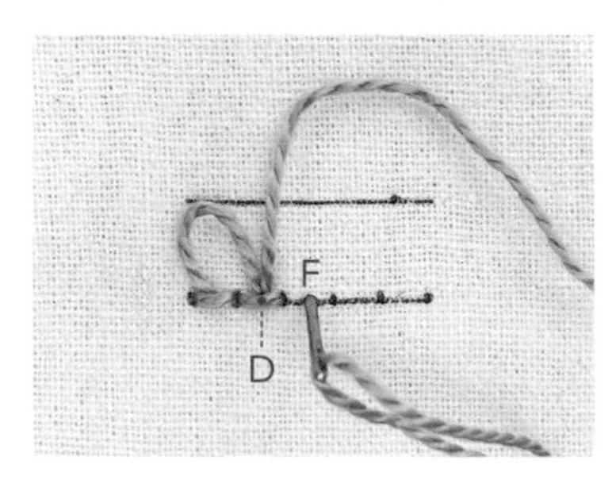

4 從D出針、F入針，製作和第一個環等長的環，然後重複前述步驟。

5 完成環形的斯麥納繡。

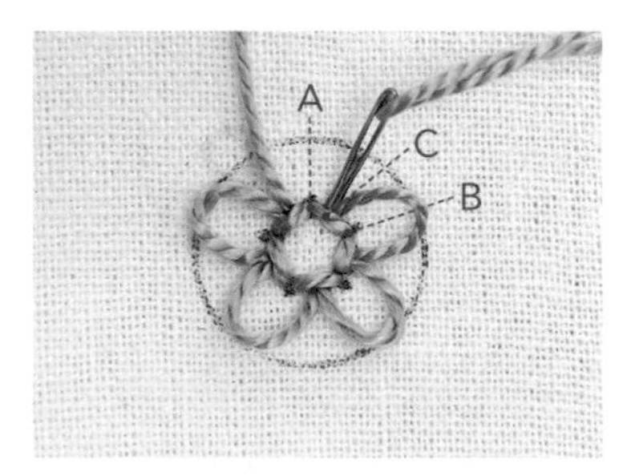

6 如果是繡圓形，製作最後一組環時，要回到一開始的C入針來連接。

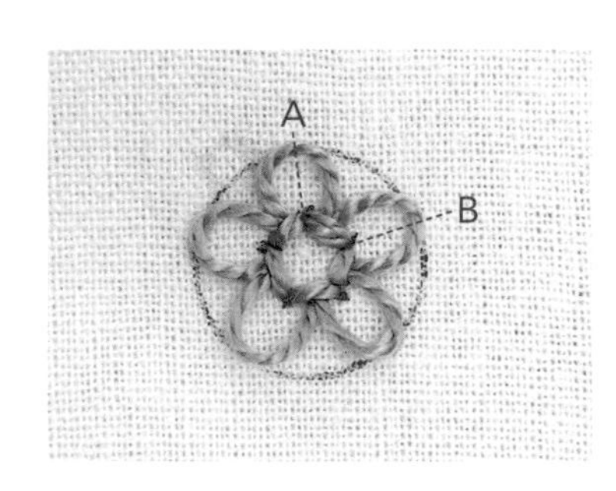

7 最後再從A出針、B入針，固定住環後打結收尾。

TIP | 要是直接在步驟6就打結收尾，環容易被拉扯變形。

3

重疊環形

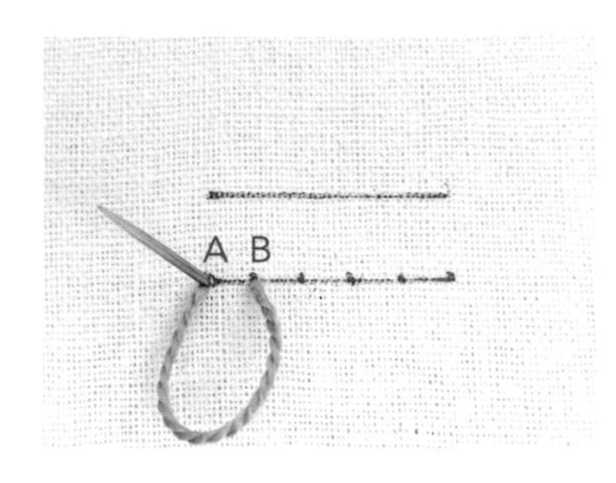

1 從A出針、B入針。在線全部拉緊之前再從A出針，並把線往上拉。

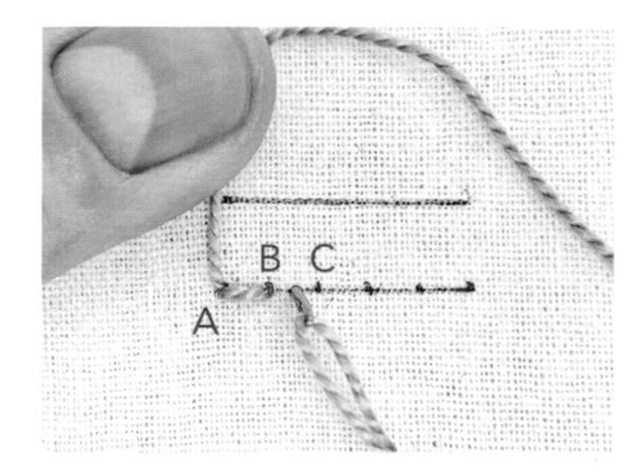

2 由B和C中間入針，依照所需長度來製作第一個環。

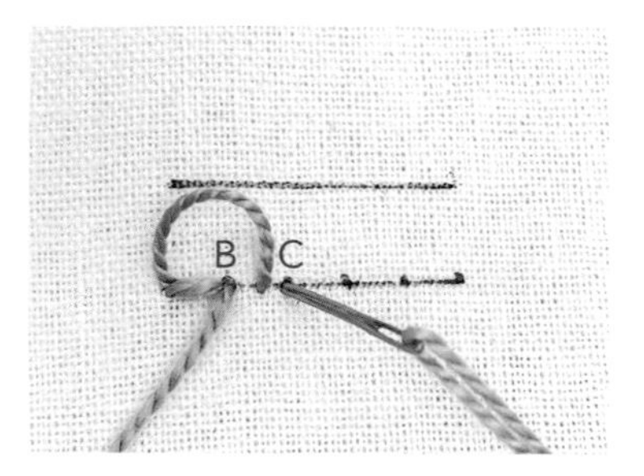

3 接著用手壓住做好的環，好讓環不被拉動到。從B出針，再由C入針，固定住環。

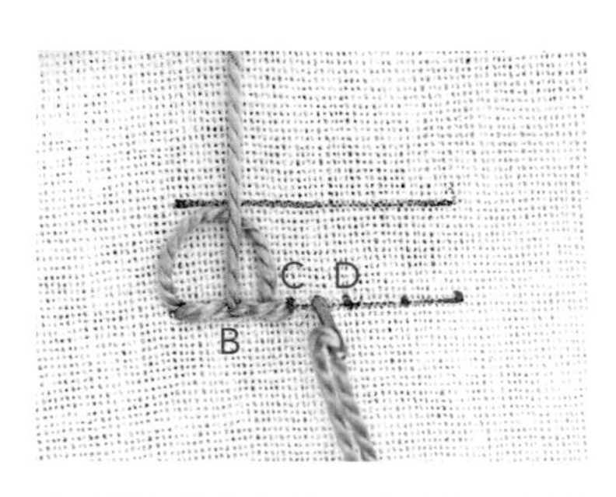

4 再次從B出針、由C和D中間入針，製作第二個環。

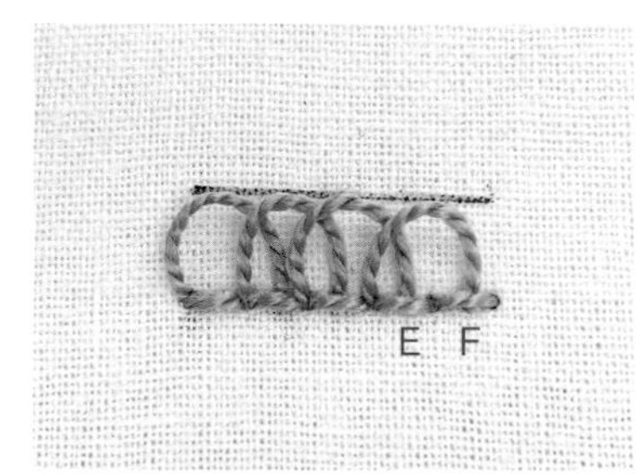

5 依照所需長度來製作環之後，從E出針、F入針來固定環，完成重疊環形的斯麥納繡。

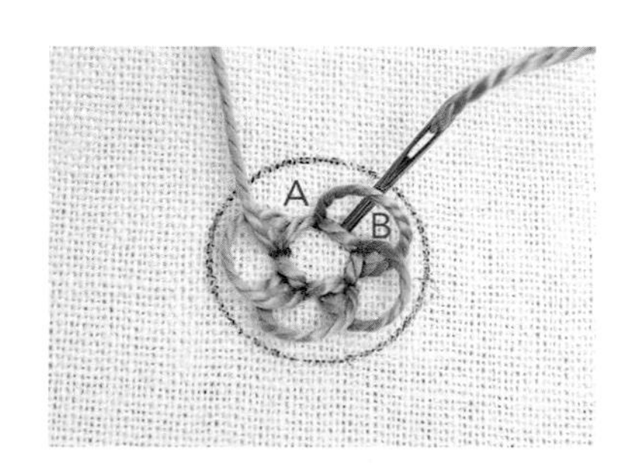

6 如果是繡圓形，繡最後一個環時，要從第一個環的後面、A和B中間入針來連接。

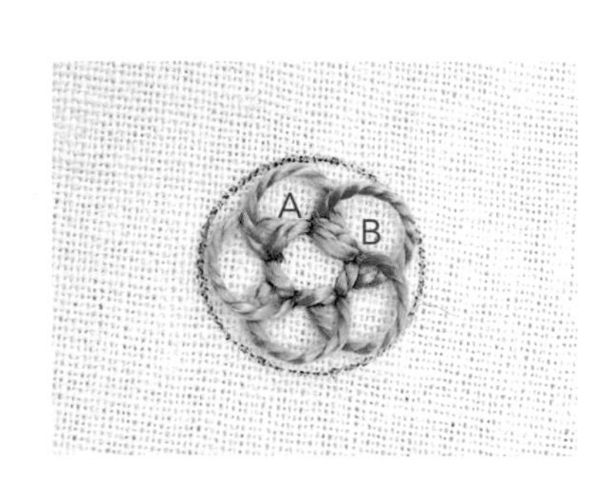

7 最後再從A出針、B入針，如此固定環後打結收尾。

TIP | 要是直接在步驟6就打結收尾，環容易被拉扯變形。

單邊編織捲線繡

此針法是用線繞環掛在針上，繡出多個環緊貼在布面上，而呈現立體狀。
半月形為進階針法，能打造最自然的花瓣形狀，
只要調整拉線的力道，就能做出不同長度、大小的環。
此針法的難度較高，請做好充分練習。

1

基本形

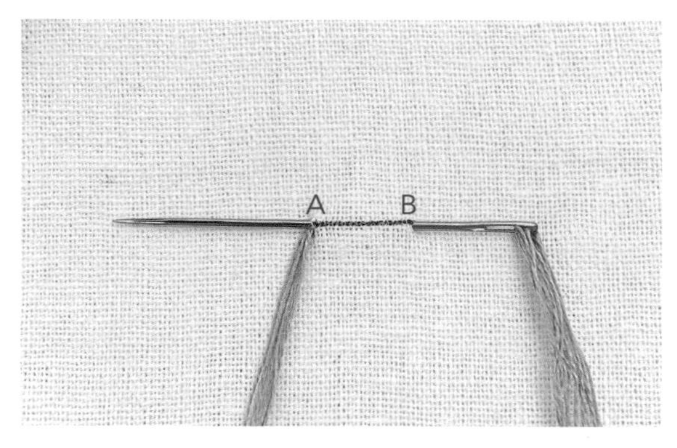

1 從A出針。由B入針後再從A出針，但不把針從布面上拉出來。將線置於針的下方。

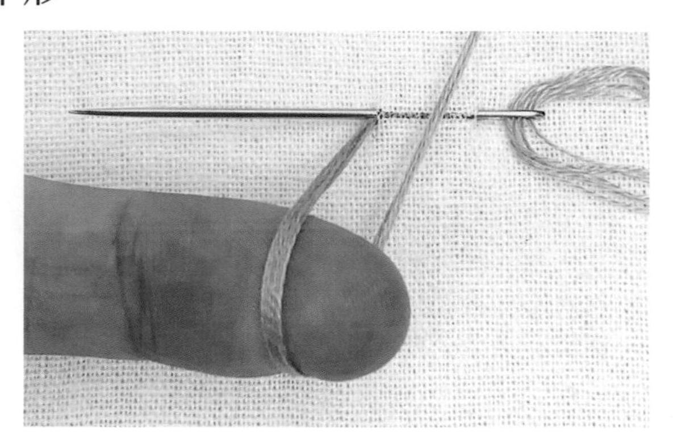

2 如圖所示，把線繞在手指上，另一隻手抓緊線。

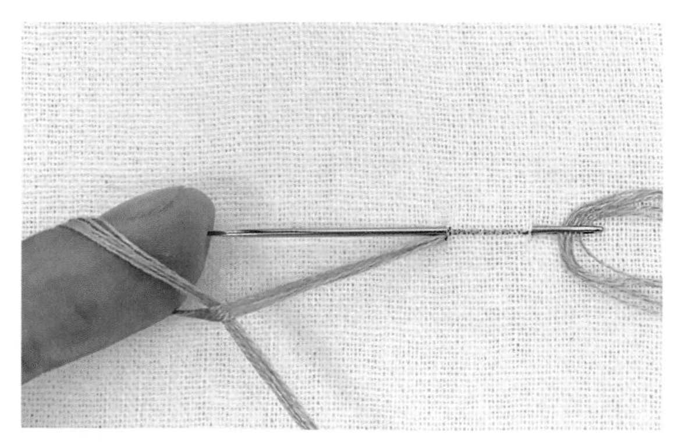

3 讓線保持緊繃的狀態，把手指轉一圈，藉此形成一個環。

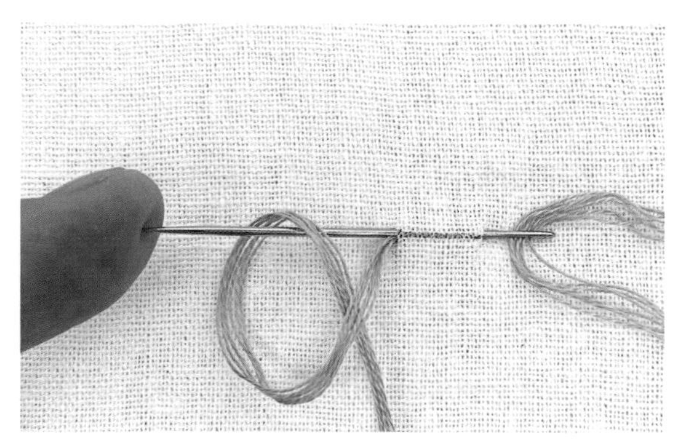

4 手指尖貼上針頭後，順勢把環移至針上。

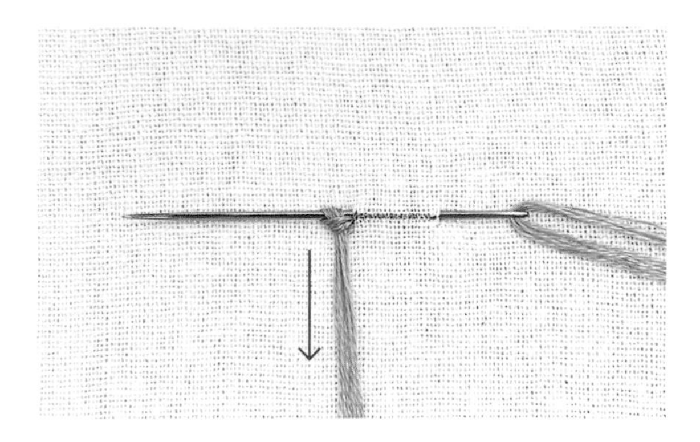

5 讓環緊貼在布面上，將線往下拉緊。

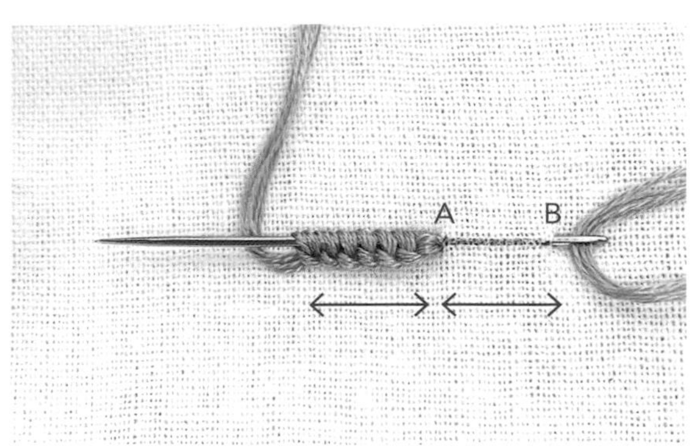

6 按照**步驟**2～5製作出數個環，做到長度與A、B兩點距離同寬後，輕推針、讓環移往針的後半段。

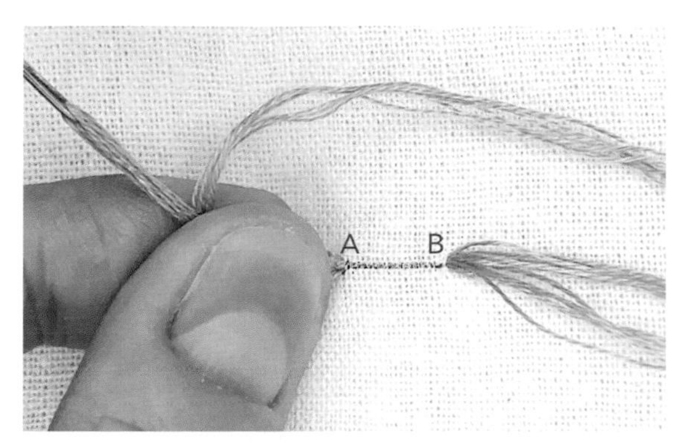

7 用手指捏住繡好的環並把針拉出，接著把環拉往B的方向，貼近布面。

TIP | 直到環完全緊貼布面前都必須捏好固定，才不會變形。

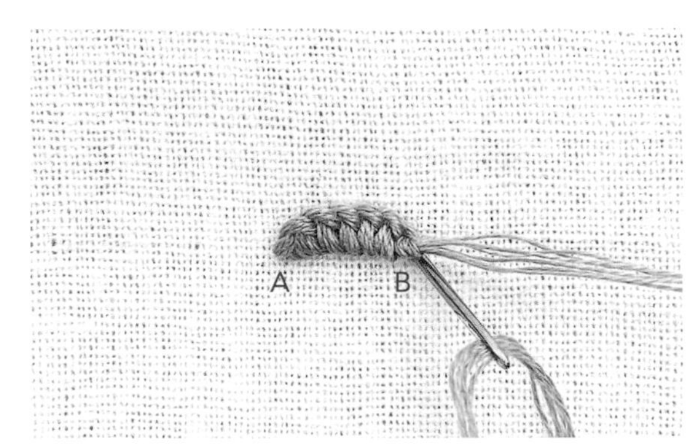

8 最後由B入針。

9 完成單邊編織捲線繡。

2
環形

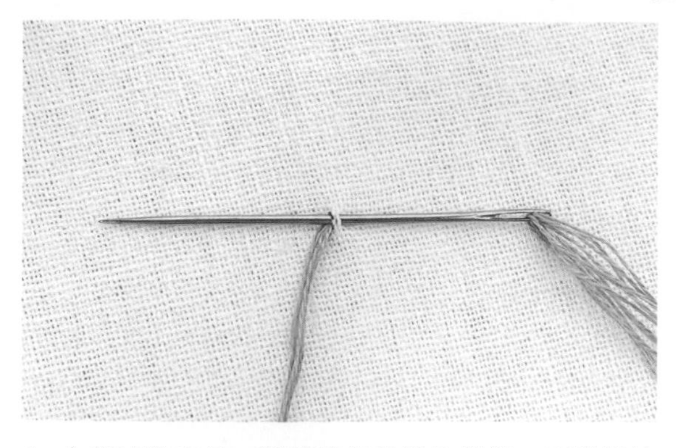

1 在起始點出針。緊貼著起始點入針後，再從起始點出針，但不把針抽出來。

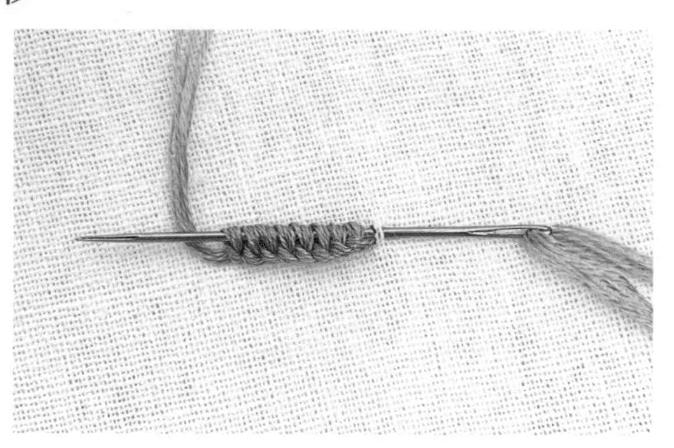

2 用跟基本形一樣的方法開始製作環，但要繡出所需長度兩倍的環，然後輕推針、讓環移往針的後半段。

3 捏住繡好的環並把針拉出，讓環貼近布面，再次由起始點入針。

4 完成環形的單邊編織捲線繡。

3

半月形

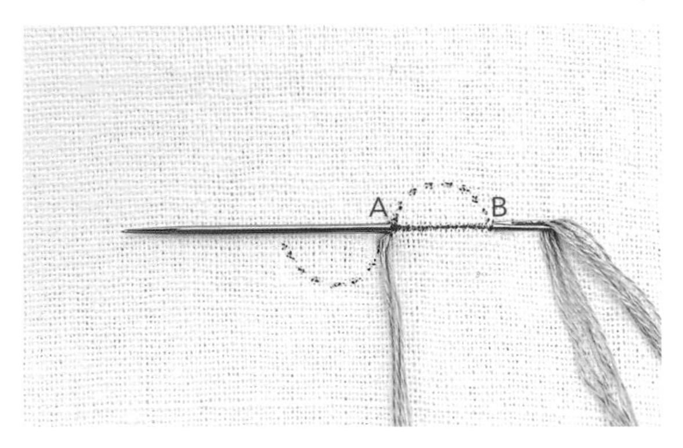

1 從A出針。由B入針後再從A出針，但不把針抽出來。將線置於針的下方。

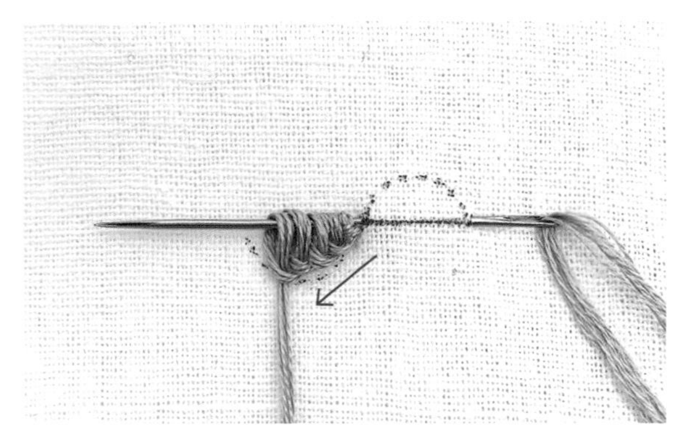

2 用跟基本形一樣的方法開始製作環，但為了做出半月形的效果，要逐步讓環越來越長。

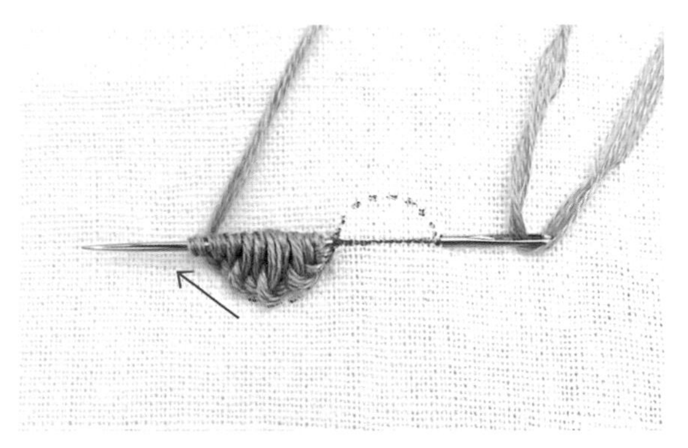

3 剩下一半的環則要越來越短。繡出所需的長度後，輕推針、讓環移往針的後半段。

TIP | 為了不讓已經繡好的環被拉扯到，在調整線的長度時，必須同時用手壓住再拉動。

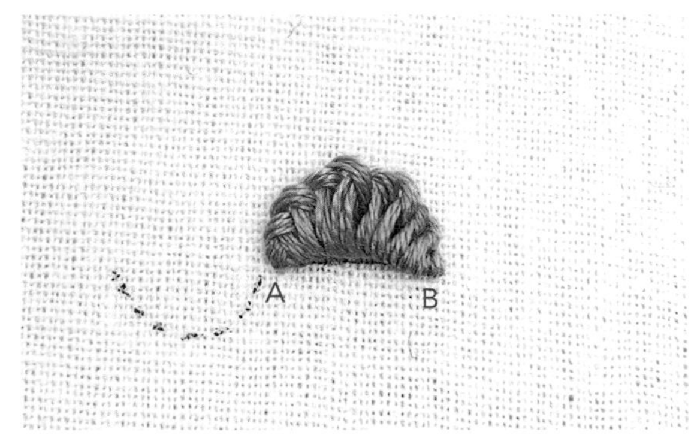

4 捏住繡好的環並把針拉出，把環拉往B的方向，最後由B入針。完成半月形的單邊編織捲線繡。

Embroidery Stitch

◇

飛鳥繡／魚骨繡

緞面繡／毛邊繡／編織葉形繡

#2

繡出葉子的針法

飛鳥繡

能繡出V字或Y字的針法。比起單獨使用此針法，更常結合直針繡一起繡，
而這樣的針法其實就是飛鳥葉形繡，主要拿來繡出葉子形狀。

1

基本形

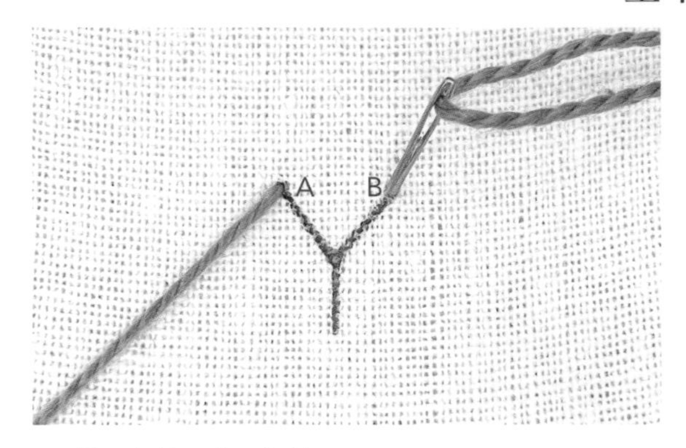

1 從A出針、由B入針。

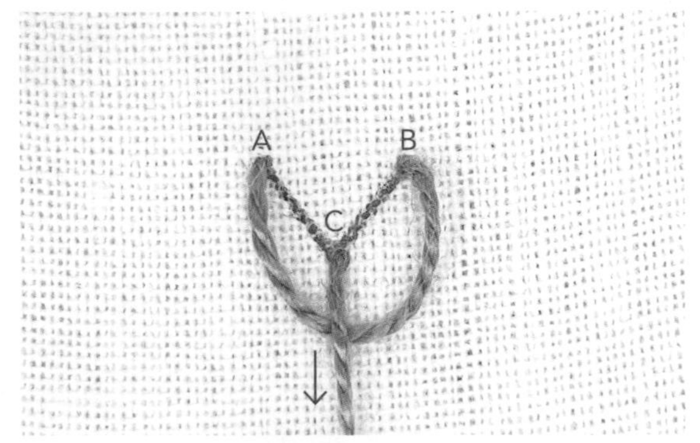

2 拉線，等到形成一個小型環後就把環置於下方，再從C出針、線往下拉。

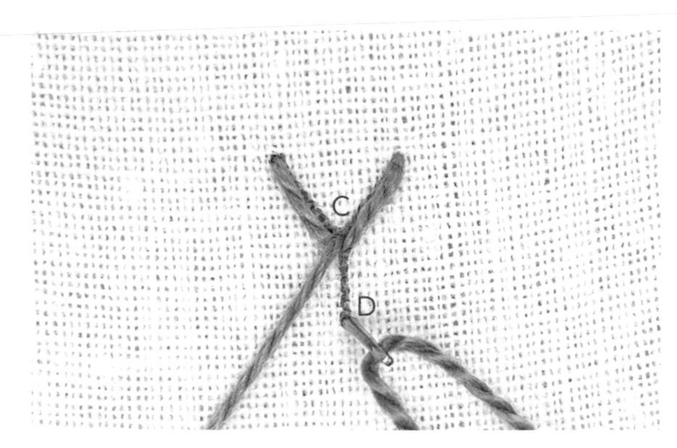

3 當環剛好卡在C上時，由D入針。

TIP | 若是在離環遠的地方入針，就會形成Y字；若是在離環近的地方入針，則會形成V字。

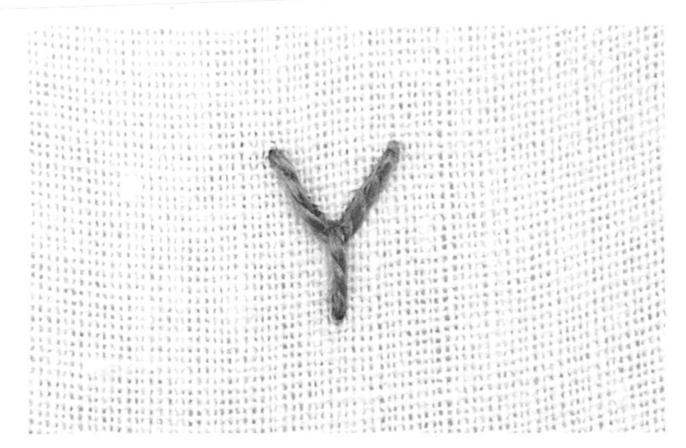

4 完成飛鳥繡。

2

飛鳥葉形繡

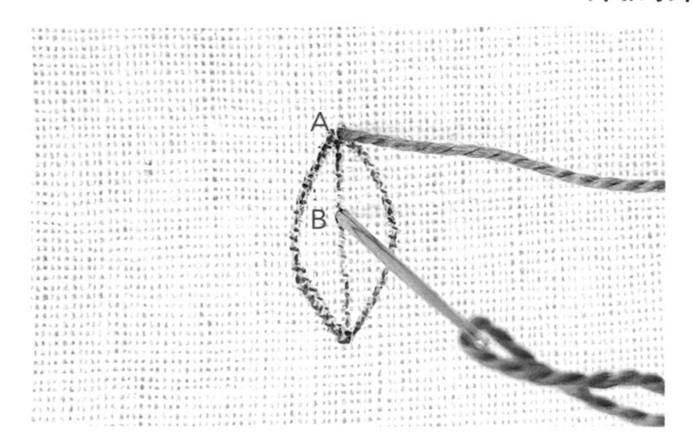

1 從A出針、由B入針。

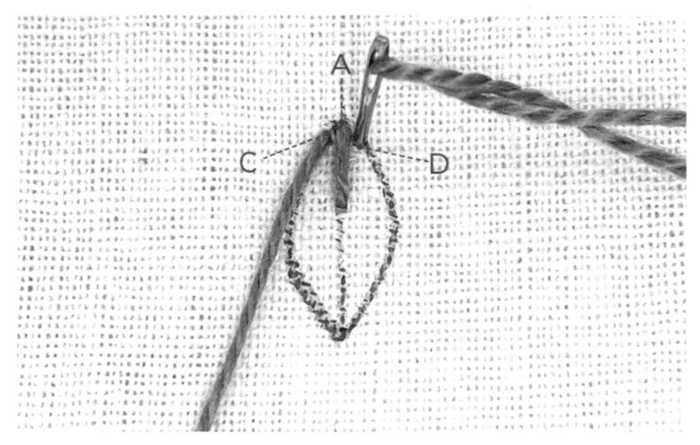

2 從C出針後由D入針。

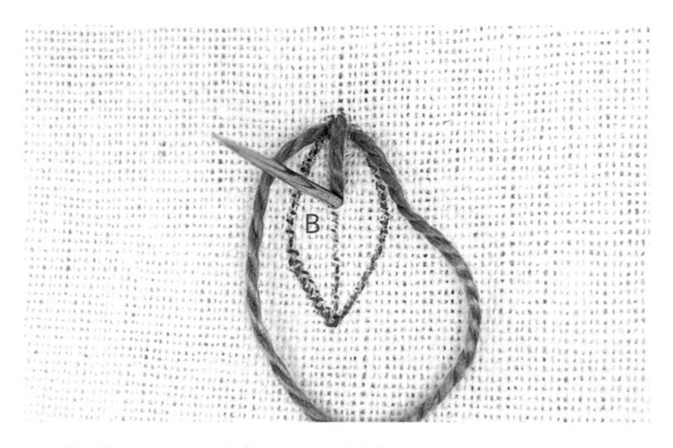

3 拉線，一旦形成了環，就把環置於下方，再從B出針。

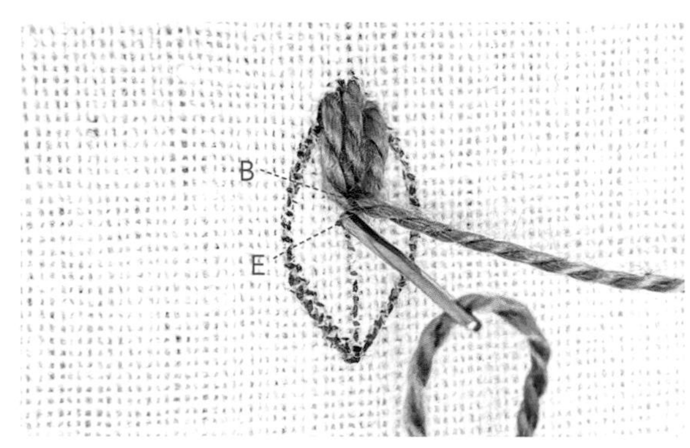

4 當環剛好卡在B上時，就由E入針。

5 重複**步驟**2～4把圖案緊密填滿。

魚骨繡

這是一個讓繡線沿著中線交錯堆疊來呈現葉子的針法。

1

基本形

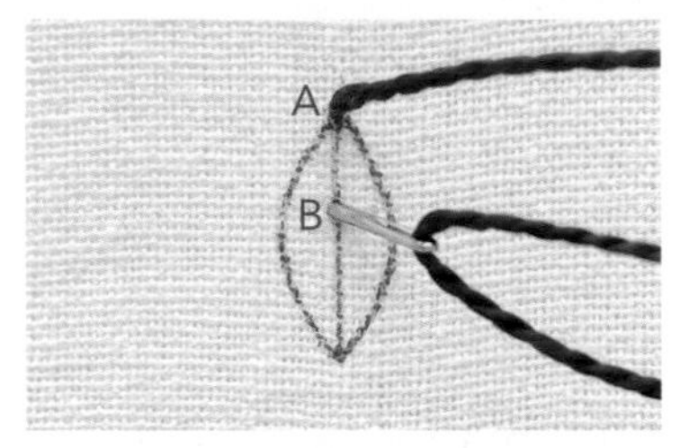

1 如圖先畫出葉子形狀。從A出針、由中線的B入針。

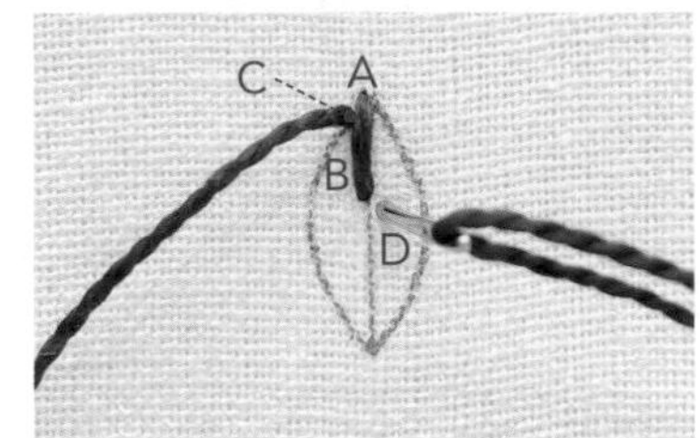

2 從左側葉緣上的C出針、由B右下方的D入針。

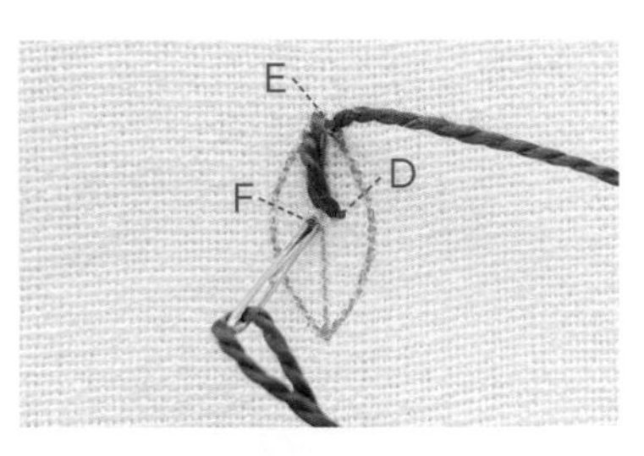

3 從右側葉緣上的E出針、由D左下方的F入針。

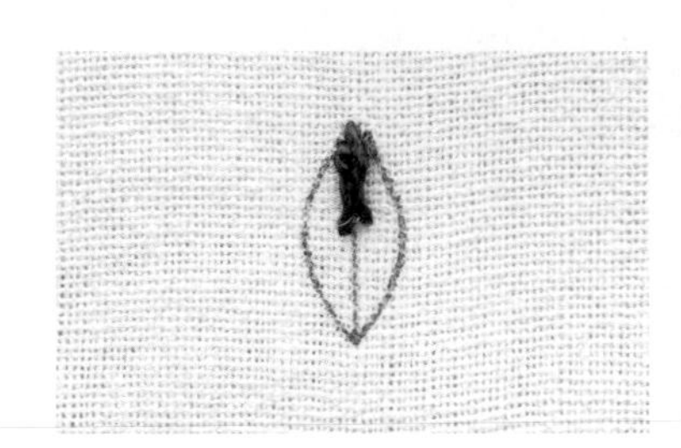

4 完成一組在中線上進行堆疊的魚骨繡。

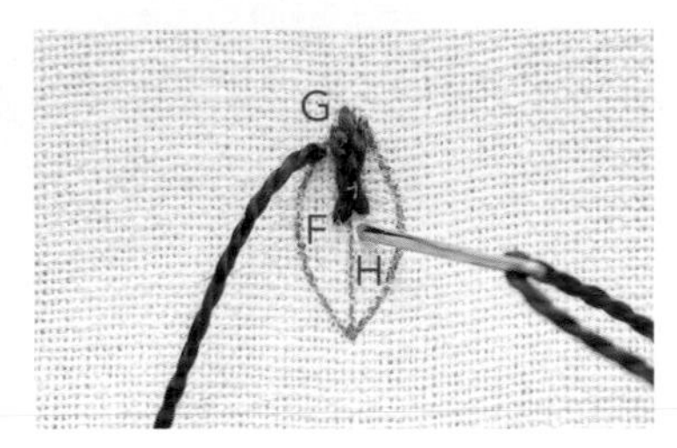

5 從G出針、由H入針。

6 從I出針、由J入針。沿著中線一針針堆疊，一邊往下繡。

7 最後一針由對側繡好的最下方洞口入針，做出尖端的收尾。

8 完成魚骨繡。

緞面繡

使用直針繡緊密地填滿一個面的針法。

1

基本形

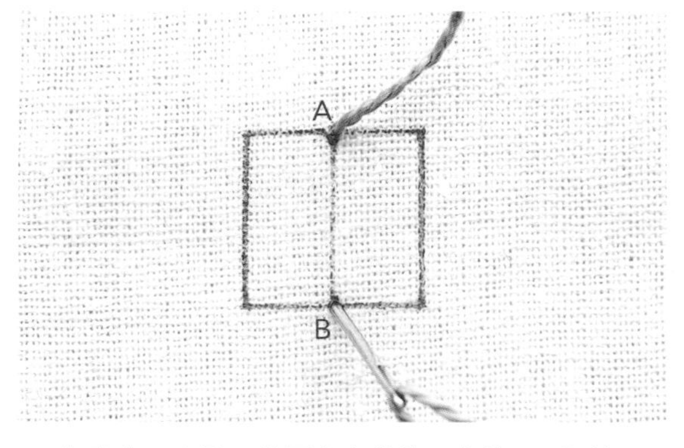

1 先畫出四方形。從圖案中線的A出針、B入針。

TIP | 將圖案分成兩半，從中間開始繡，先填滿一半後再把另一半填滿，這樣線就不會歪，還會繡得很整齊。

2 從A旁邊的C出針、D入針。接著繼續用同樣的方法填滿右半邊。

TIP | 出針和入針時，務必將針保持垂直，才能繡在正確位置上。

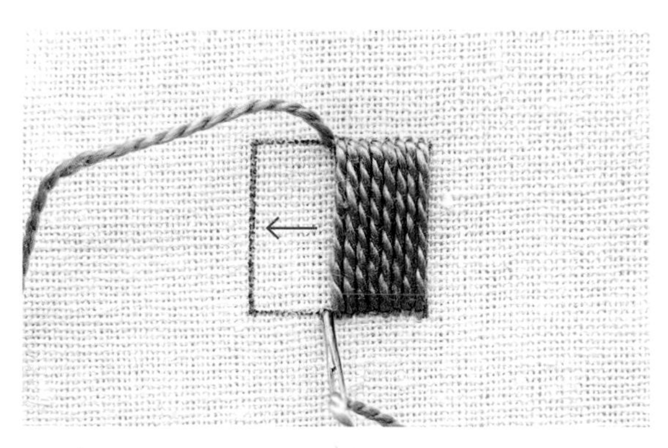

3 填滿右半邊之後，回到中線，再從上方出針、下方入針，接續把左半邊填滿。

TIP | 如果一開始是從上方開始繡的，就要維持從上出針、由下入針的方式，才會繡得整齊。

4 完成緞面繡。

毛邊繡

源自毛毯邊緣的縫紉法。雖說常用來幫布料的裁切面收邊，
但在本書主要是用來表現葉子，會繡得很緊密來填滿葉子表面。

1

基本形

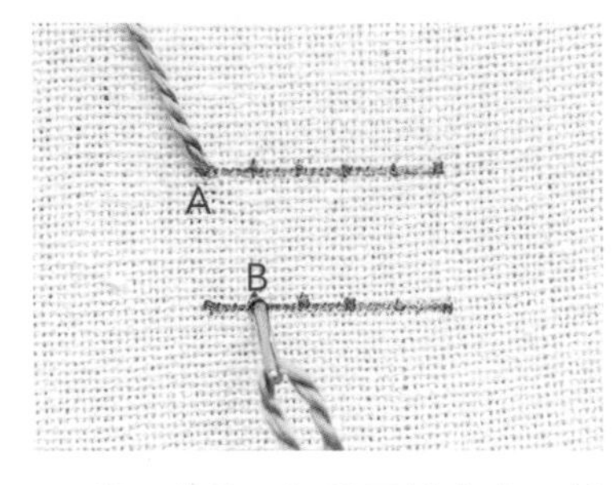

1 從A出針，把線置於上方，並由B入針。

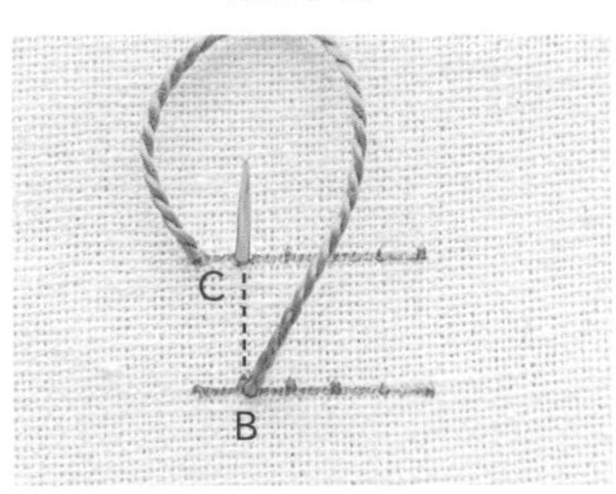

2 拉線，在上方形成一個環後，由位於B垂直方向的C出針。

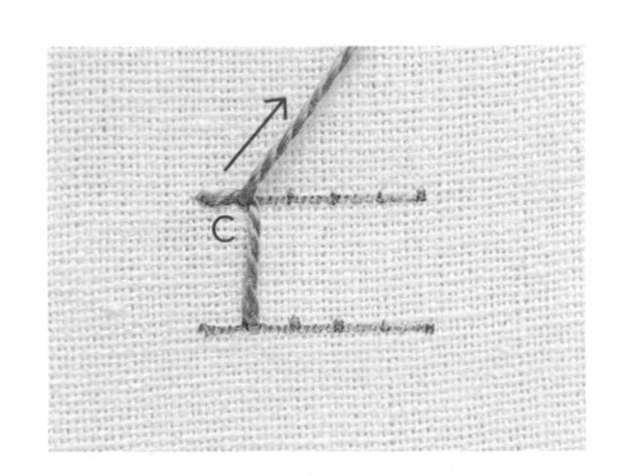

3 拉緊線，讓環剛好卡在C上、形成一個直角。

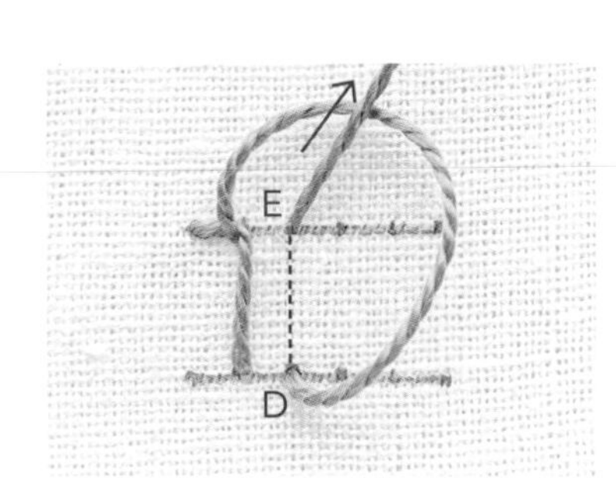

4 接著從D入針、由E出針，向上拉線、形成直角。持續用同樣的間隔繡下去。

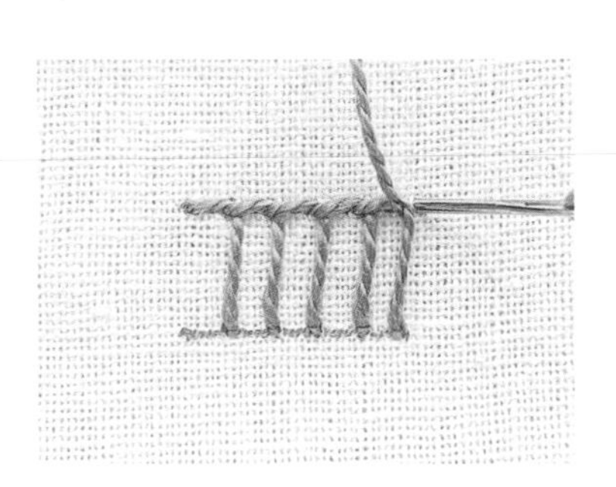

5 在最後一個環的角落外側入針，以此收尾。

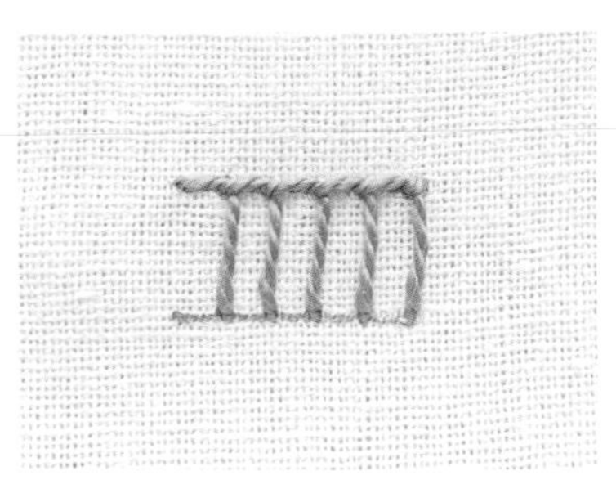

6 完成毛邊繡。

2

毛邊指環繡

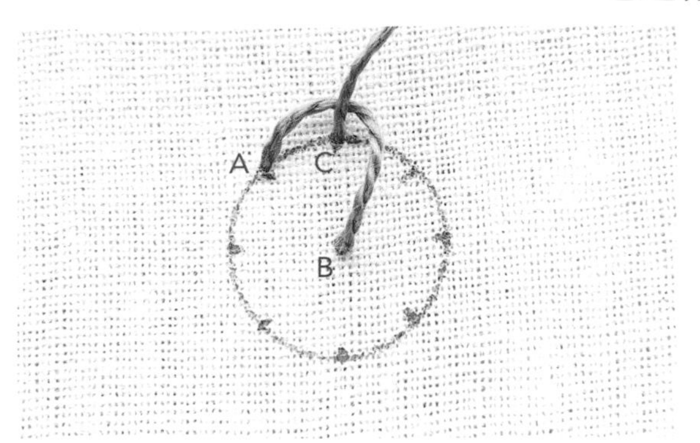

1 如圖先畫一個圓形。從圖案圓線上的A出針、正中央的B入針，線置於上方，從C出針後拉緊線。

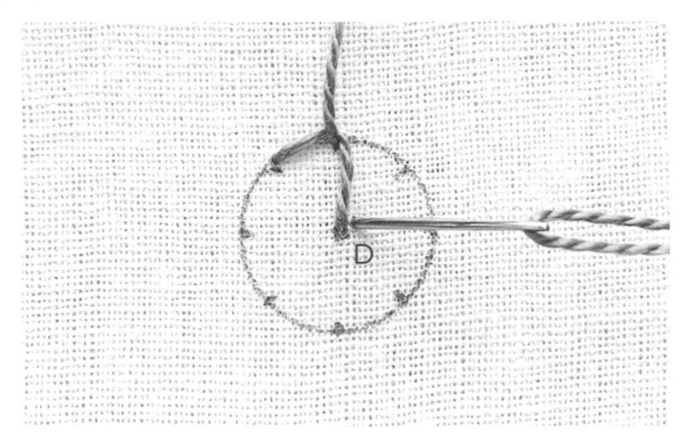

2 形成一個環後，再由靠近正中央的D入針。沿著圓重複**步驟**1～2。

TIP｜如果都由正中央(B)入針，洞就會越來越大，所以請由靠近洞的地方入針。

3 到最後一步時，讓針從第一個環的線下方穿過並由正中央(B)入針。

4 完成毛邊指環繡。

編織葉形繡

繡線會先在支架線上交織纏繞，最後讓下方緊貼在布面上，上方則無。
有時會用來呈現葉子，有時會繡好幾個來呈現花朵。

1

基本形

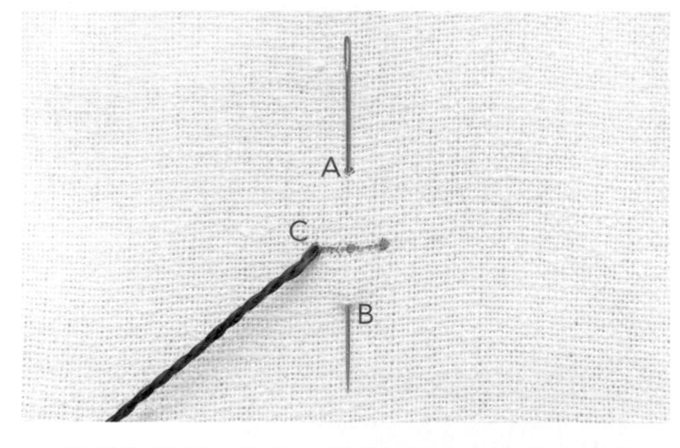

1 將輔助針從A入針、橫線下方的B出針，掛在布面上。將繡線從C出針。

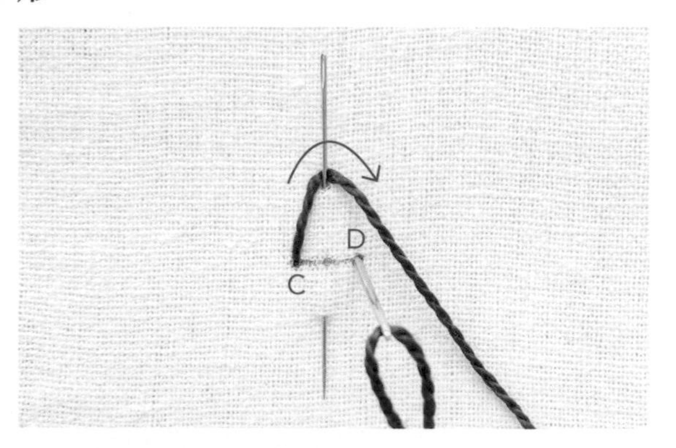

2 將線繞過輔助針的後方，由D入針。此時不要將線拉得太緊。

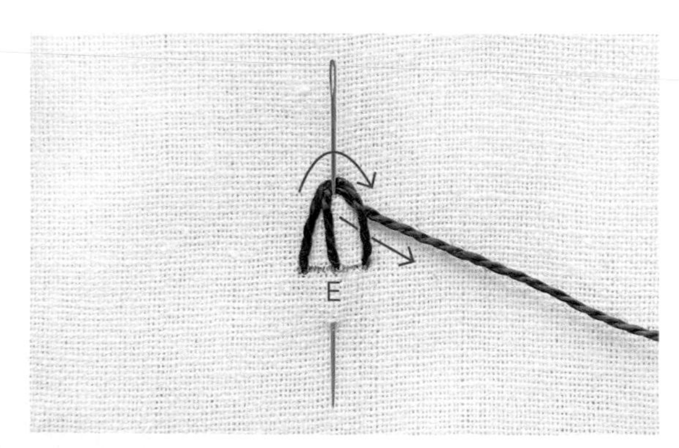

3 從直線中點的E出針，再將線繞過輔助針的後方，拉緊線，讓針由內往外穿過右邊支架下方，完成3條支架線。

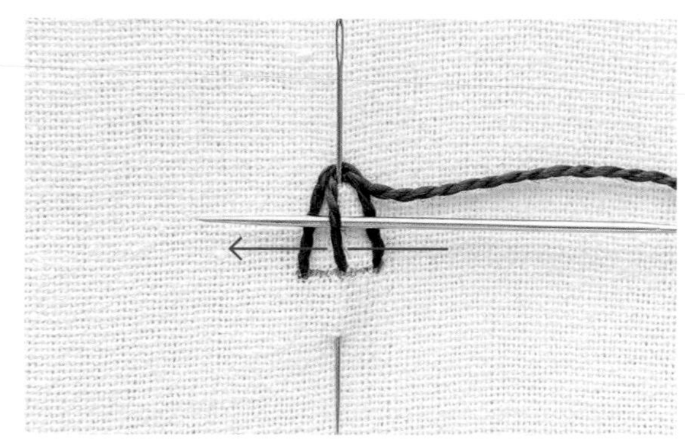

4 接下來開始讓針一上一下地在3條支架上交織通過。從右邊穿往左邊時，讓針只從中間的支架線下方穿過。

5 拉緊線，讓線服貼在輔助針上。從支架穿出來的線放在左邊。

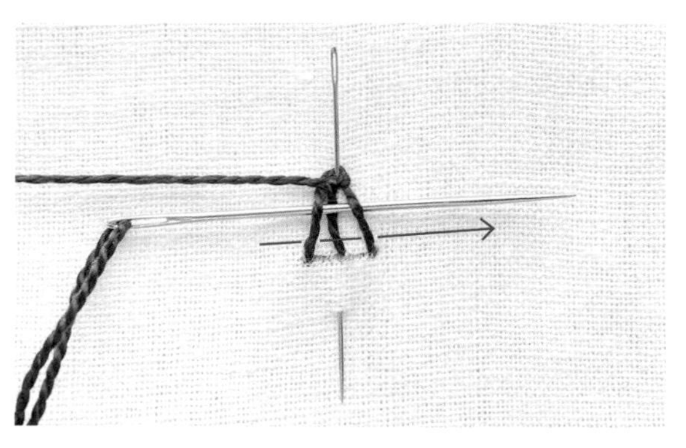

6 從左邊穿往右邊時，讓針從左右兩條的支架線下方穿過。

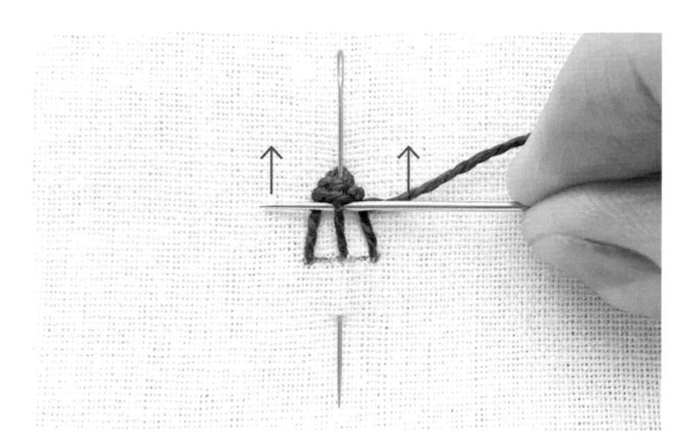

7 用針往上推壓，讓線緊密貼在一起。重複**步驟**4～7，讓針一上一下地在支架上交織通過。

8 中間隨時可以把針插在支架內側，先拉緊線調整形狀後再繼續。

9 繡到最下方、填滿圖案後，從旁邊斜斜地入針。

10 抽掉輔助針，即完成編織葉形繡。

Embroidery Stitch

◇

輪廓繡、莖幹繡

回針繡

#3

繡出莖的針法

輪廓繡、莖幹繡

此為常用於表現莖的針法，
只要修改繡線擺放的位置，就能做出不同方向的輪廓繡和莖幹繡。

1

基本形

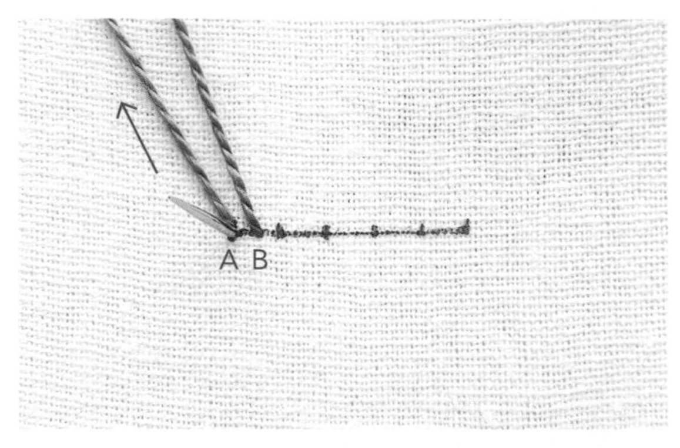

1 從A出針，將線置於上方。往前半個針距，由B入針後再從A出針。

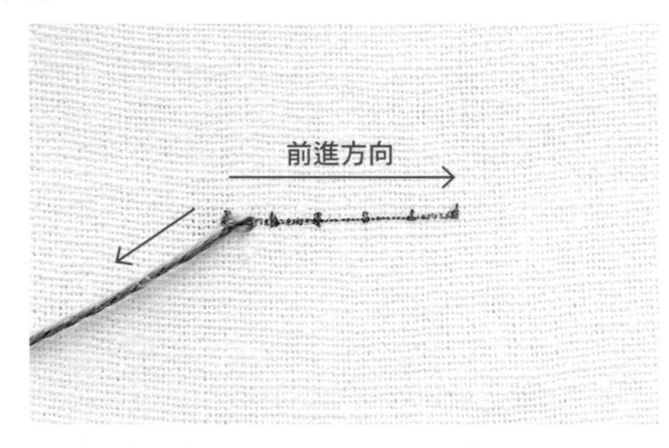

2 將線往反方向拉緊。

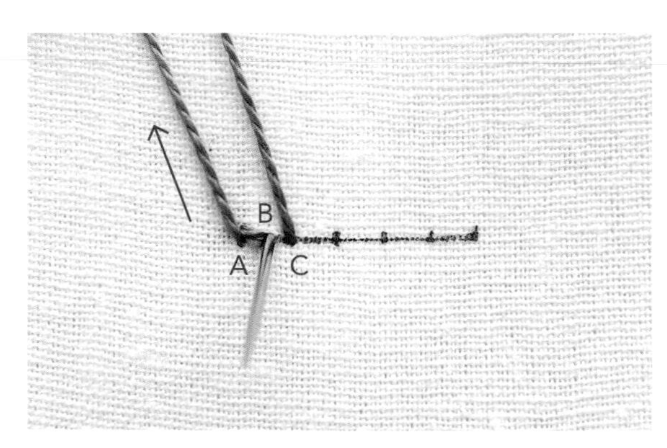

3 將線置於上方，往前一個針距在C入針、再從往後半個針距的B出針。

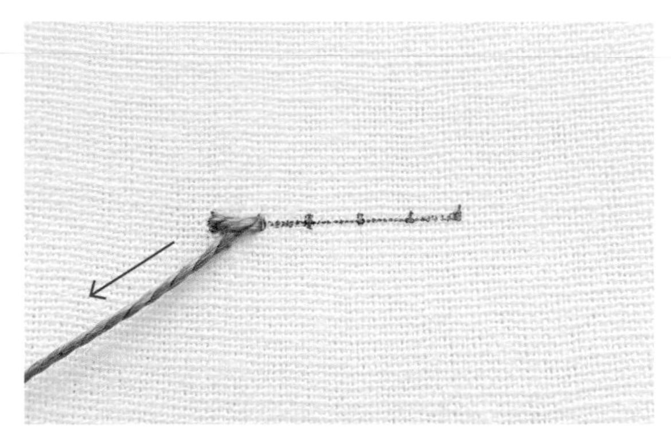

4 將線往反方向拉緊。

5 重複**步驟**3～4，直到繡出所需長度。收尾時先往後半個針距出針，再往前半個針距入針。

TIP | 開始時是半針，結束時也是半針，這樣呈現出來的厚度才會是一致的。

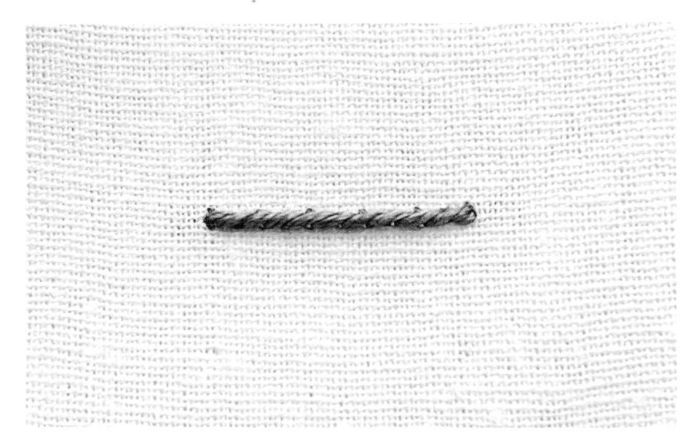

6 完成輪廓繡。

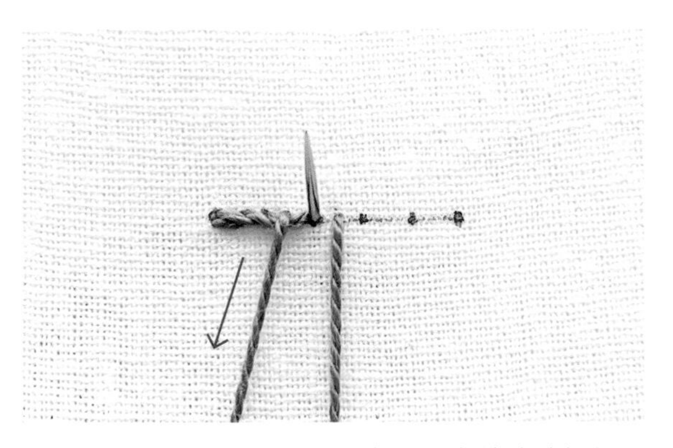

7 莖幹繡的針法與輪廓繡相似，但在繡的時候得要把線置於下方。

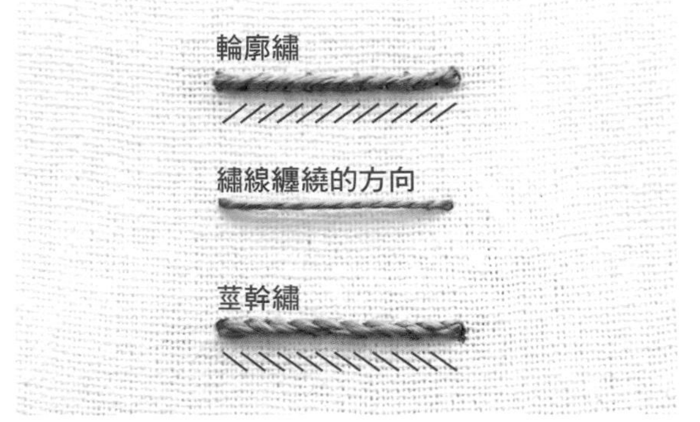

8 輪廓繡和繡線是以相同方向纏繞；莖幹繡則是相反方向，近似於繩索的形狀。

2

圓形

1 從A出針、B入針（一個針距），拉線。將線置於圓的外側，照著順時鐘方向來繡輪廓繡。

TIP | 在繡莖幹繡時，請將線置於圓的外側，照著逆時鐘方向來繡。

2 從A和B中間的C出針（半個針距），再把線拉緊。

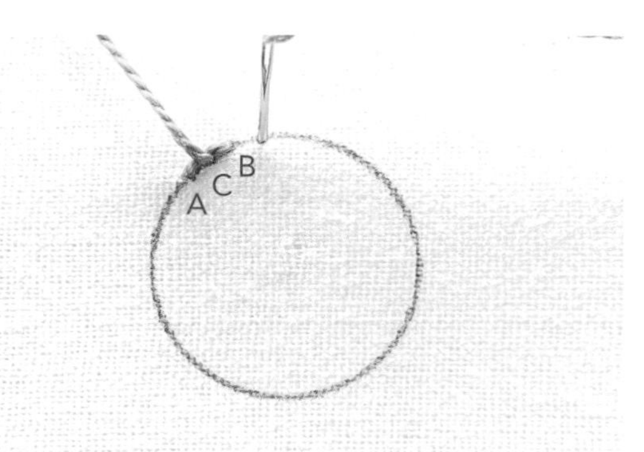

3 重複「往前一個針距入針、往後半個針距出針」，直到繡完一圈。

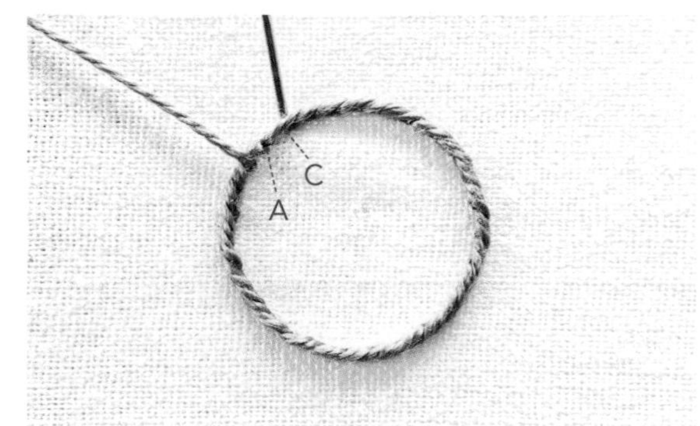

4 最後一針由圓的外側、C入針。

5 打結收尾，讓線自然地串聯在一起。

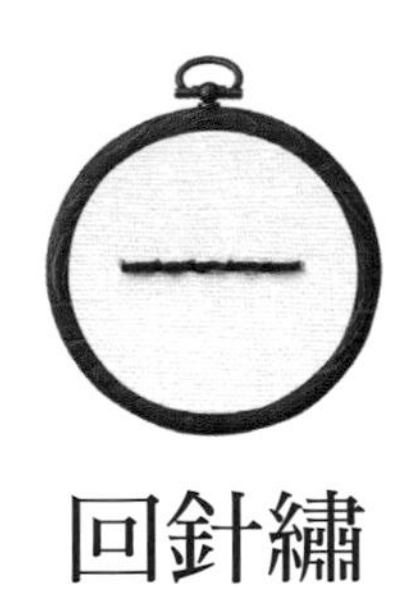

回針繡

和手縫的回針縫是相同的針法，
用於表現纖細的線條。

1

基本形

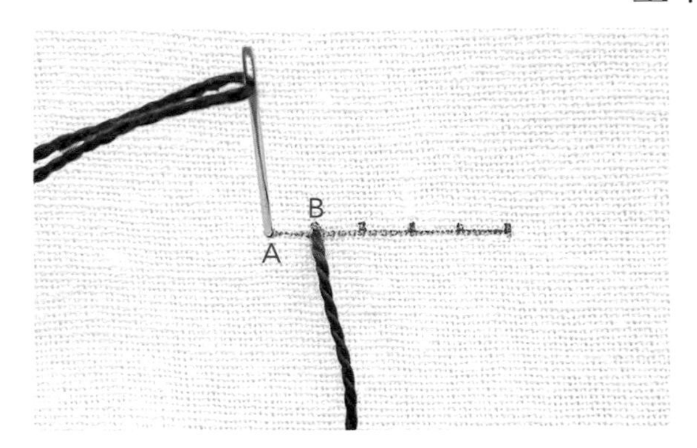

1 從起始點A前方一個針距的B出針，再由A入針。

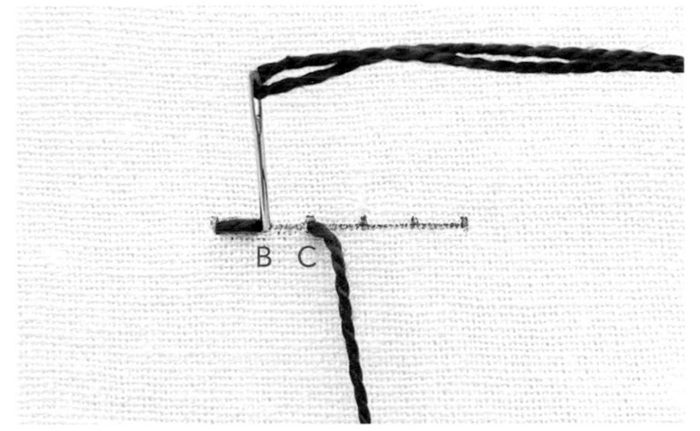

2 接著從C出針後，在往後一個針距的B入針。

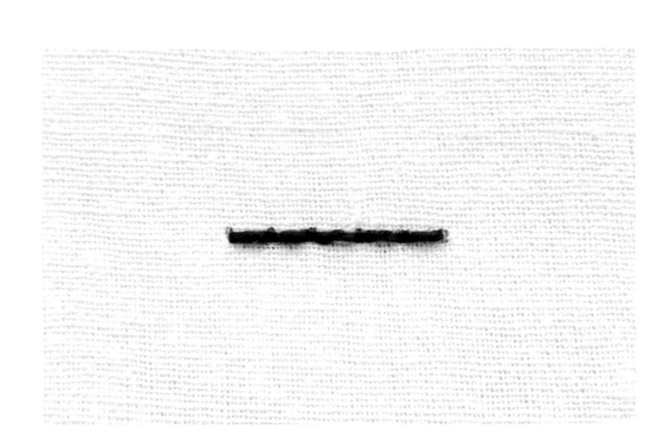

3 依照相同方法填滿圖案，即完成回針繡。

Embroidery Stitch

◇

鎖鏈繡／裂線繡／籃網繡

緞帶繡／珠繡

#4

為花草點綴的針法

鎖鏈繡

這是將環串聯在一起而形成鎖鏈形狀的針法。
雖然也會用來表現線條，但在本書裡主要用來填滿一個面。

1 基本形

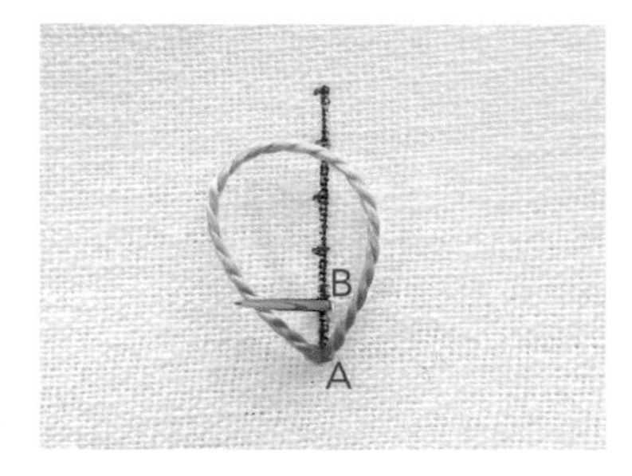

1 從A出針後，再由A入針，拉成一個環，從B出針再拉緊，讓環掛在從B穿出來的線上。

TIP | 從A出針後，將線置於左邊，再從右側由A入針，這樣線才不會重疊，形狀也會比較漂亮。

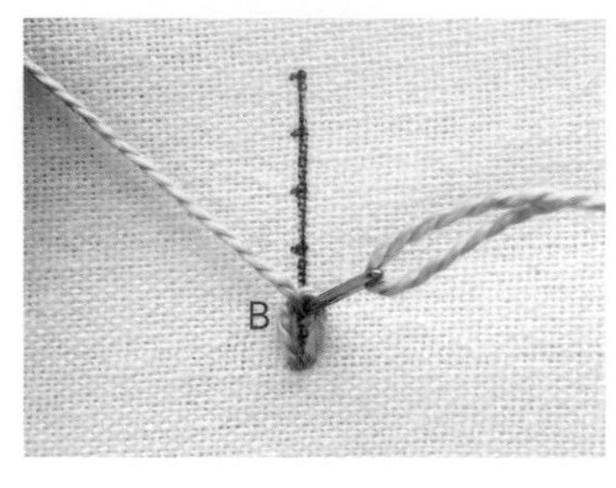

2 將從B穿出來的線置於左邊，再由B入針、拉線來製作下一個環。

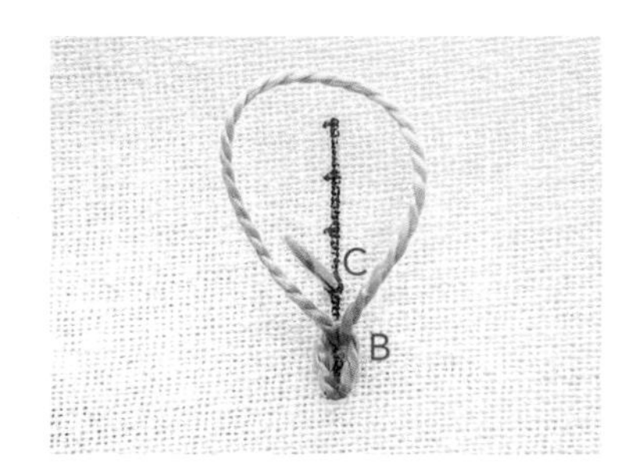

3 從C出針。

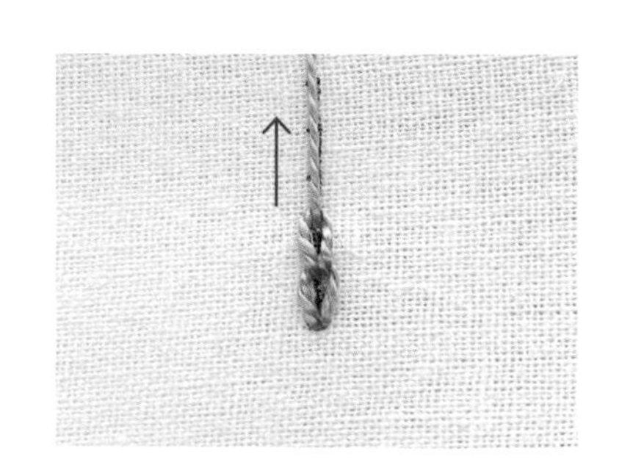

4 將線往上拉。

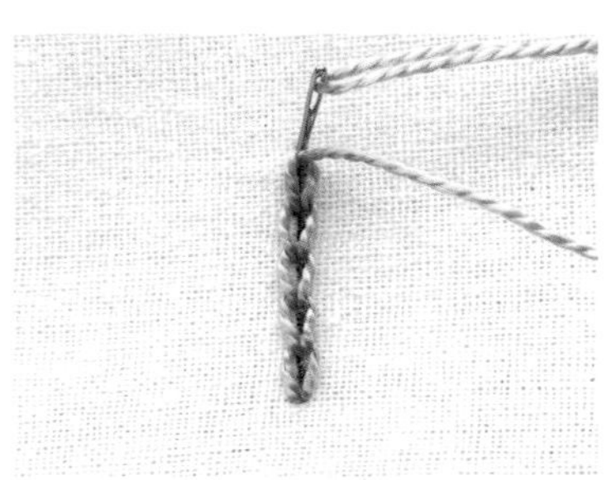

5 重複前述步驟，直到繡出所需長度，然後在最後一個環的外側入針。

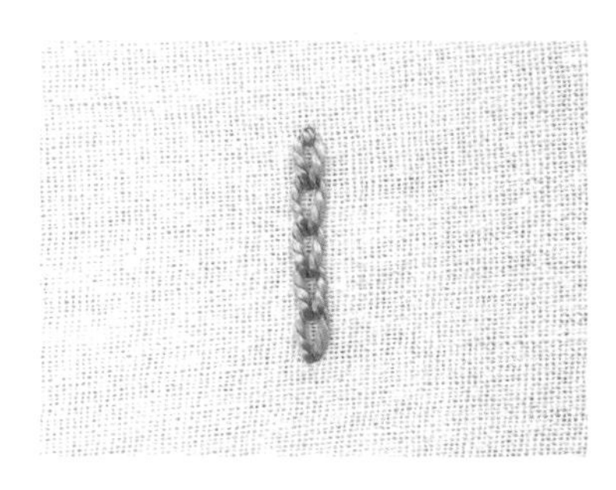

6 完成鎖鏈繡。

2

圓形

1 按照基本形的作法，沿著圓形繡鎖鏈繡。最後一針要讓針線通過第一個環的下方（把針由圓的外側往中間穿過去）。

2 然後再由最後一個環出針的位置入針。

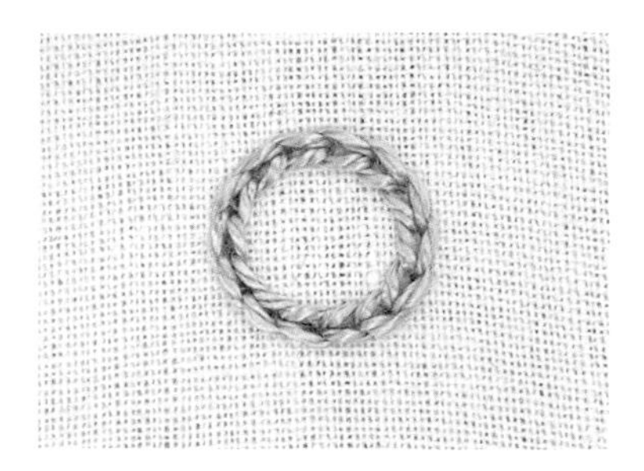

3 完成自然串聯在一起的圓形。

3

方形

1 按照基本形的作法，沿著四方形繡鎖鏈繡。繡好其中一邊之後，在環的外側入針來收尾。

2 從剛收尾的環中間出針後，繼續繡下一個邊。

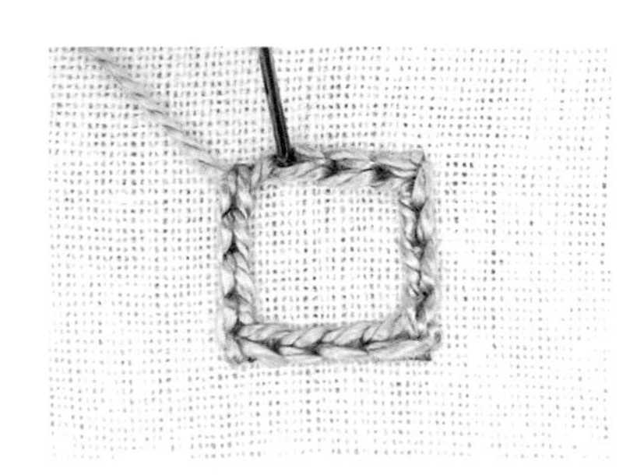

3 四個邊都繡好後，讓針線通過第一個環的線下方（把針由方形的外側往中間穿過去），再由剛才線穿出來的地方入針。

4 從最後一個環的中間出針後，由外側入針，以此收尾。

5 具有稜角的方形就完成了。

裂線繡

又名「劈針繡」。
是將繡好的線分割成一半來繡的針法，會有手縫的感覺。
雖然也會用來繡線條，但在本書裡主要用於密實地填滿一個面。

1

基本形

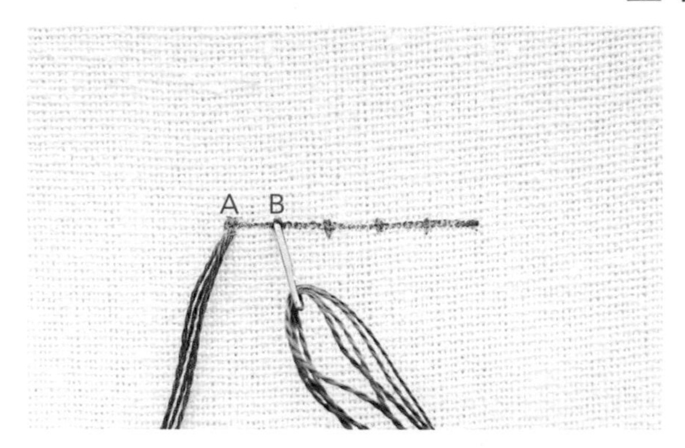

1 從A出針、由B入針。

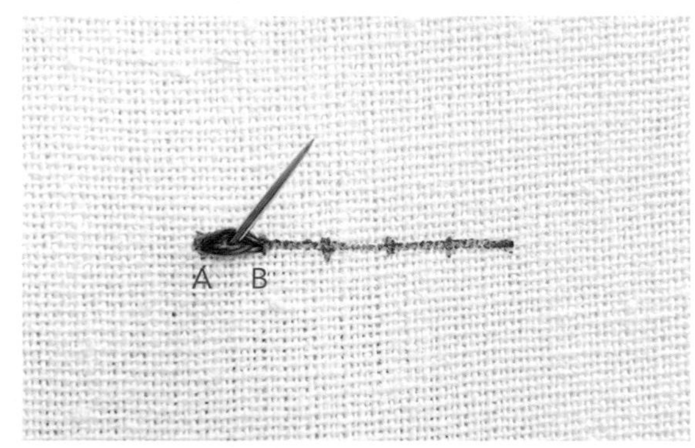

2 從A與B中間點出針，把第一針的線分割成兩半。

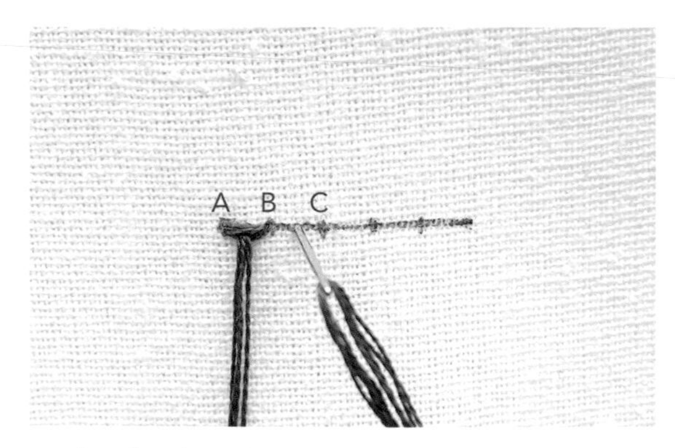

3 由B與C中間點入針。

4 從B出針，把第二針的線分割成兩半。

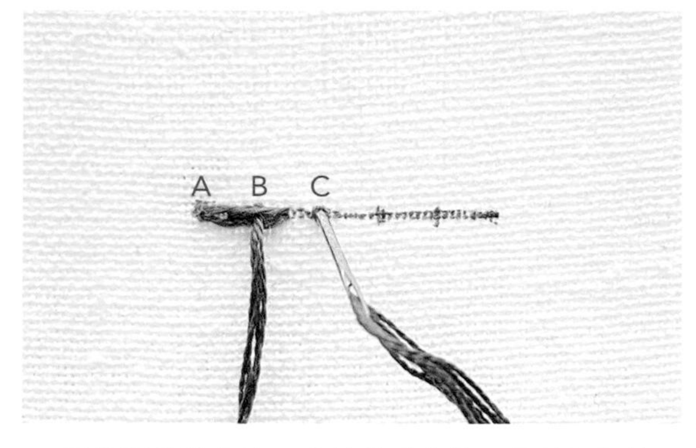

5 重複同樣的方法，也就是「往前一個針距入針、往後半個針距出針」來分割線。

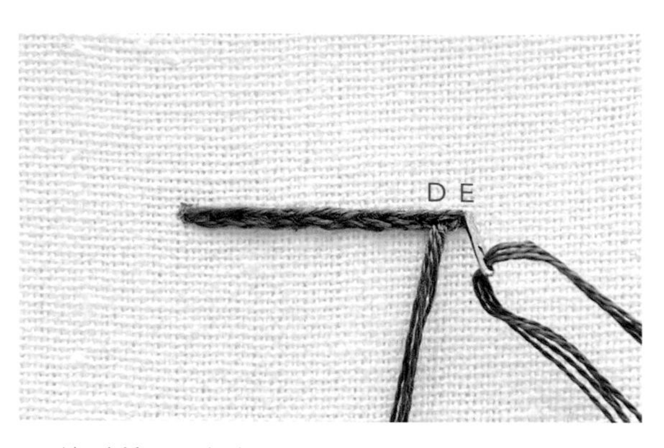

6 繡到所需長度後，從最後一條線的中間出針、往前半個針距由E入針。

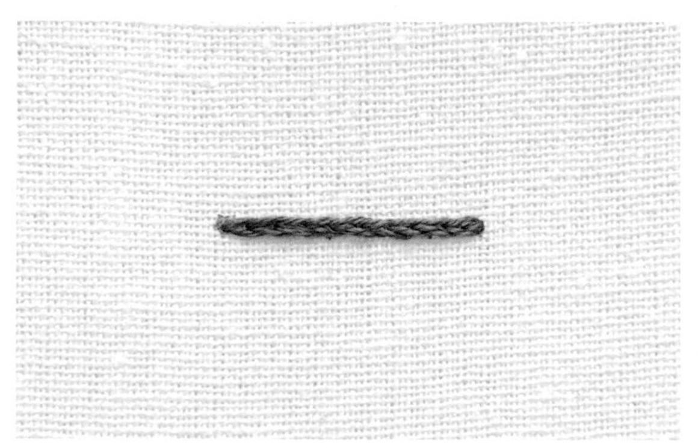

7 完成裂線繡。

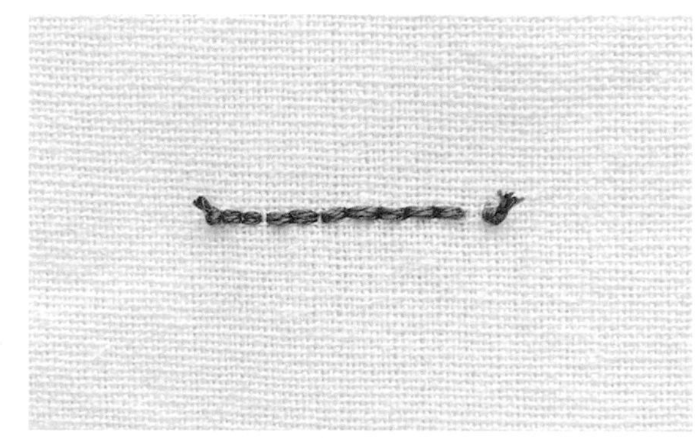

8 背面的形狀會很像回針繡。

籃網繡

此針法猶如織布的經紗、緯紗互相垂直交織一般，
先繡出一條條的直線，再將線彼此交織在一起。
它的用途就如其名，是用來繡籃子的。

1

基本形

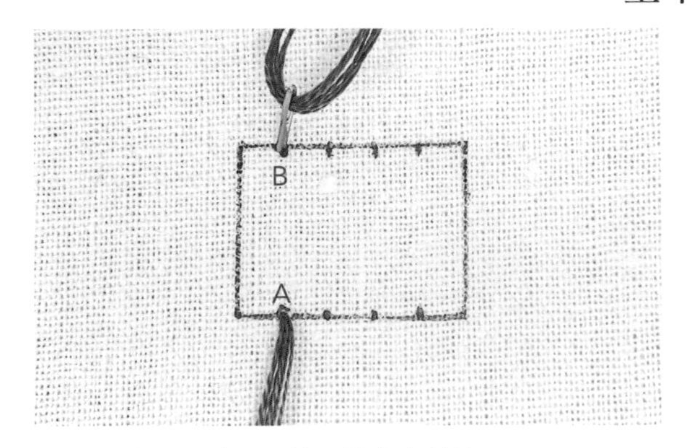

1 從A出針、由B入針，繡出直針繡。

TIP | 事先以相同的間隔在上下邊做記號，這樣繡起來就會方便許多。

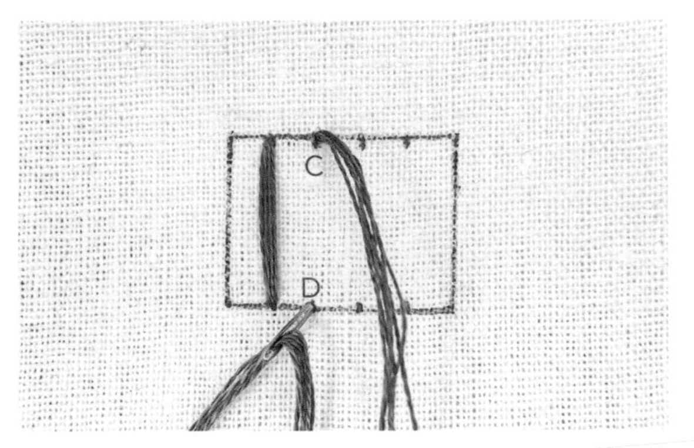

2 從C出針、由D入針。其餘部分也用同樣的方式繡出直針繡。

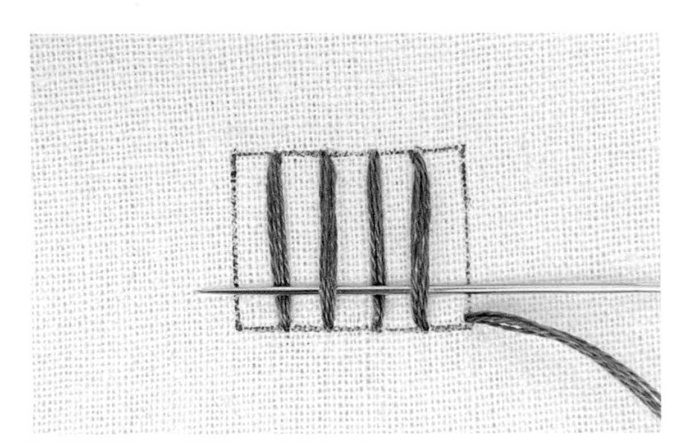

3 從右下角出針。讓針從右往左，一上一下穿過繡好的直針繡。

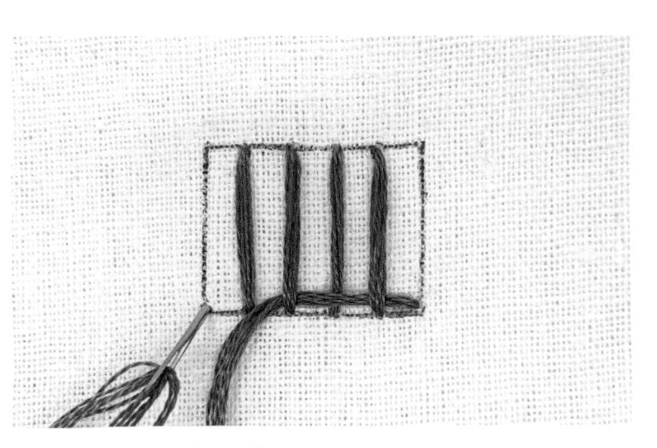

4 由對面的邊角入針。

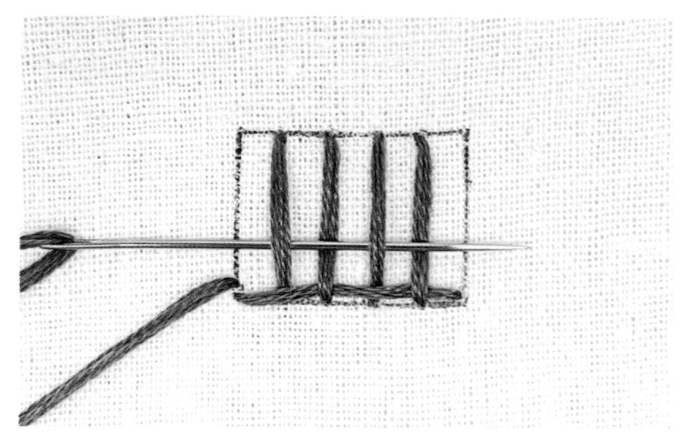

5 從邊角的正上方出針後，讓針從左往右，用與剛才完全相反的順序，一上一下穿過直針繡。

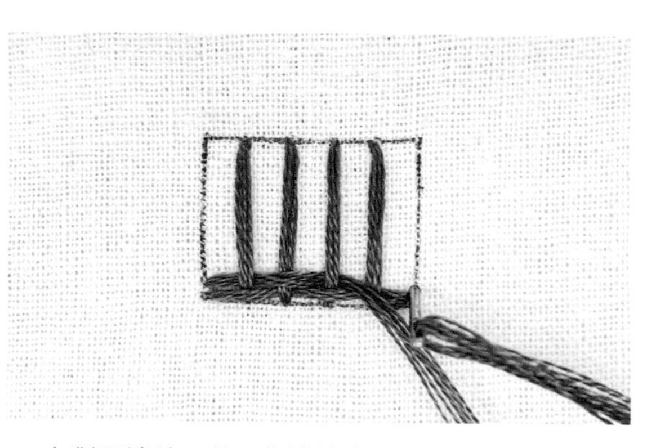

6 在對面邊線、第一條橫線上入針。

7 重複前述步驟，直到填滿所需的面。在過程中隨時要用針將繡好的部分向下推壓，緊實地將圖案填滿。

8 完成籃網繡。

緞帶繡

這是在繡花束或者花籃時，
利用繡線做出蝴蝶結裝飾的針法。

1

基本形

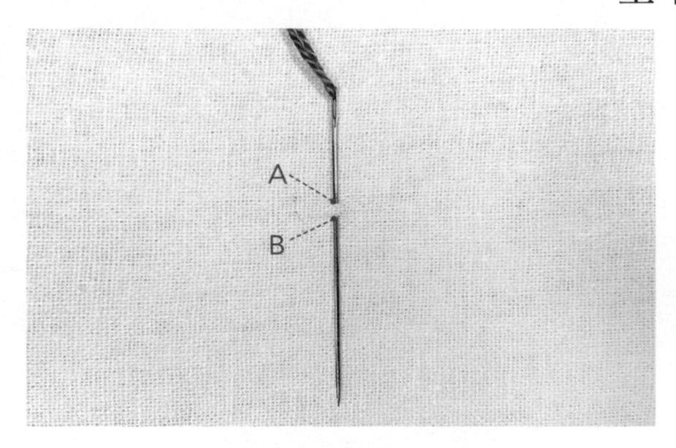

1 線端不打結，直接從A入針、由B出針。

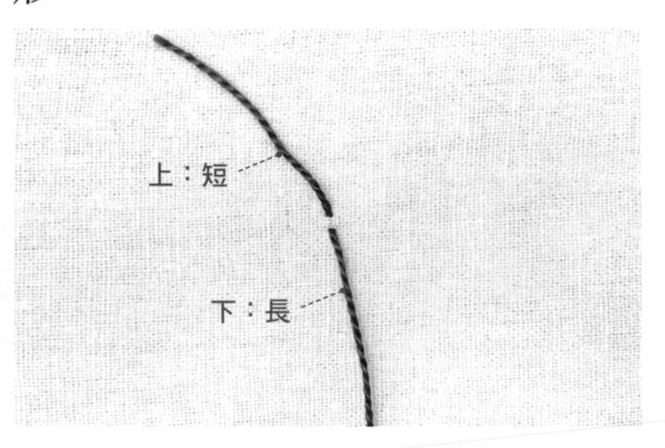

2 拉線，將上方的線留得較短一些，並掛在布面上。針仍穿著線。

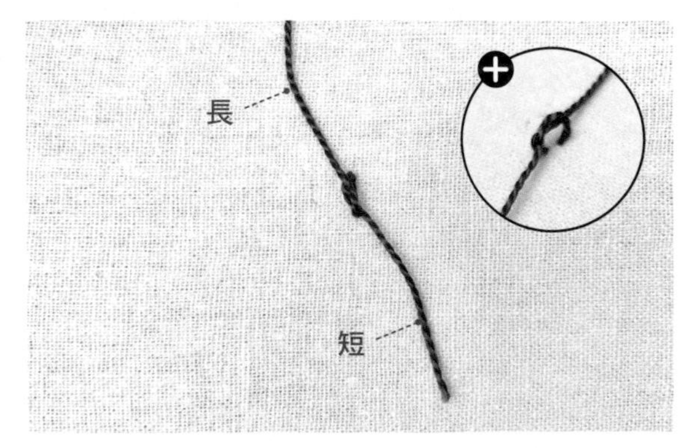

3 將兩邊的線綁起來，但結不綁緊，要預留線可以從中通過的空間。讓較短一端的線朝下。

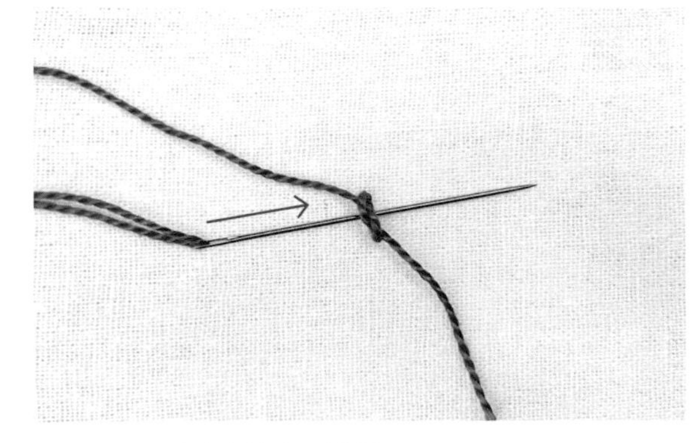

4 讓針由結的左邊穿到右邊。

5 拉線，弄出所需的蝴蝶結大小，再讓針由結的右上穿到左下。

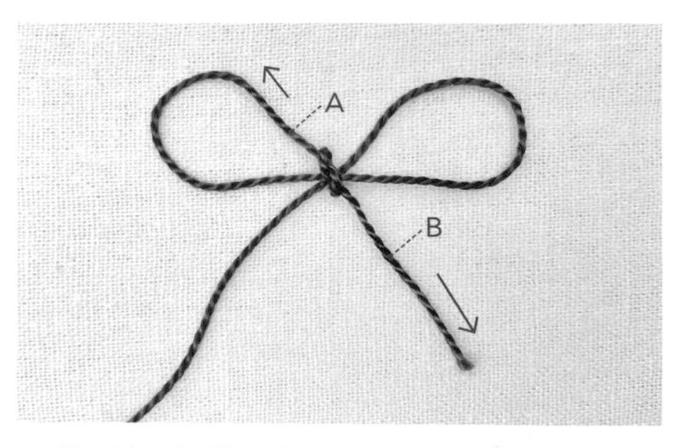

6 將兩邊環調整至所需大小，抓住A與B，分別同時向上、向下拉緊。

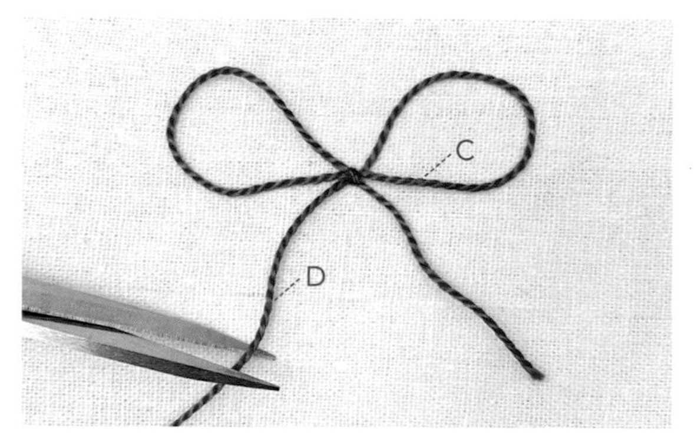

7 拉C與D來調整環的大小，然後切斷D的尾端。

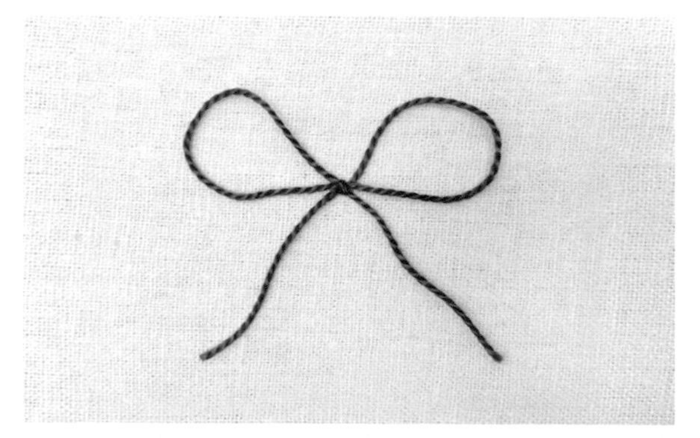

8 完成緞帶繡。

珠繡

在繡圖中增添閃閃發亮的珠子，
享受更多采多姿的刺繡過程。

1

橫式

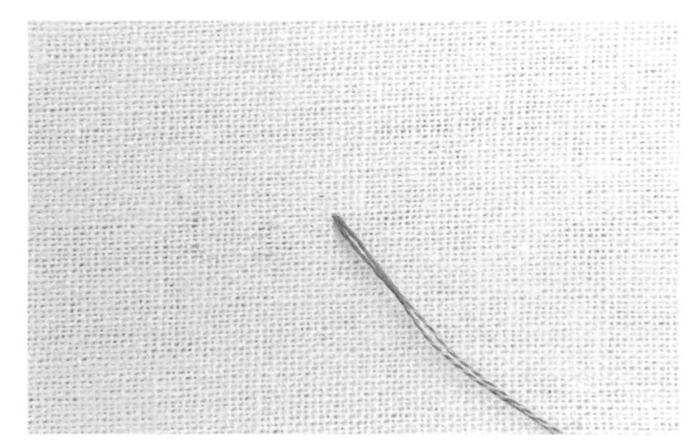

1 在想繡的位置出針。

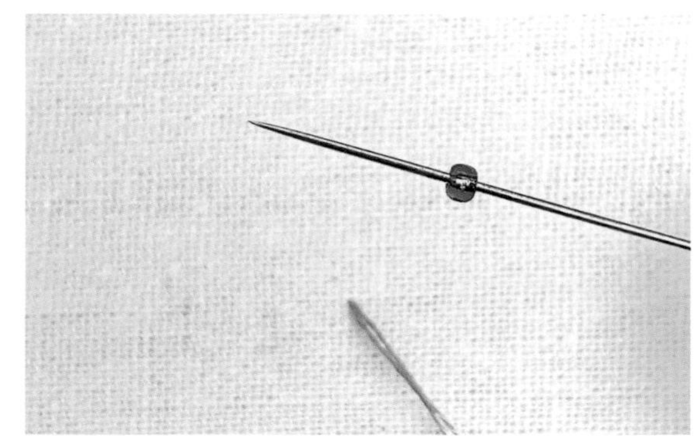

2 把珠子穿過針，推到布面上。

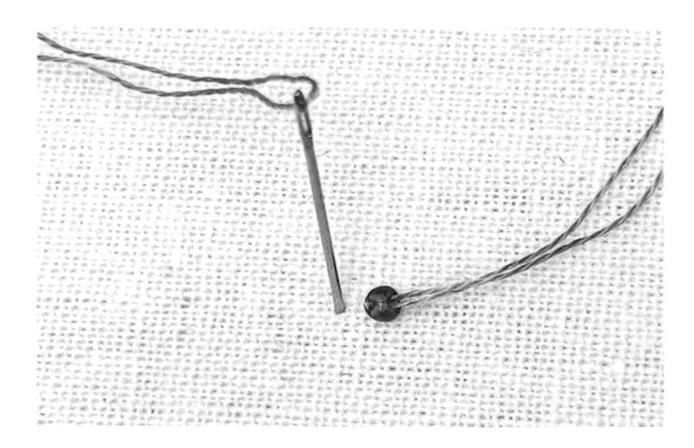

3 將珠子擺成想要的樣子，照珠子的寬長入針。

4 完成橫式的珠繡。

2

直式

1 在想繡的位置出針，然後將珠子穿到布面上。

2 從珠子的右側入針來固定一邊。

3 再次從珠子中央出針。

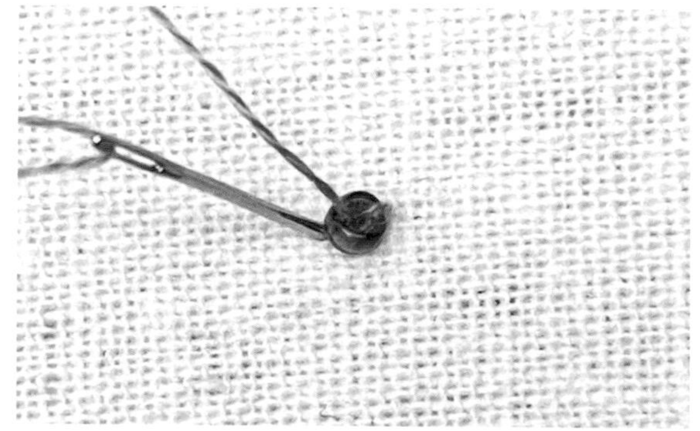

4 從珠子的左側入針，將另一邊也固定住。

5 完成直式的珠繡。

#5

針法練習

針法練習 1

原寸圖案・PAGE 210

使用的繡線	●471 ●797
使用的針法	直針繡、平面結繡、法國結粒繡、雛菊繡、雛菊＋直針繡①・②、雙雛菊繡

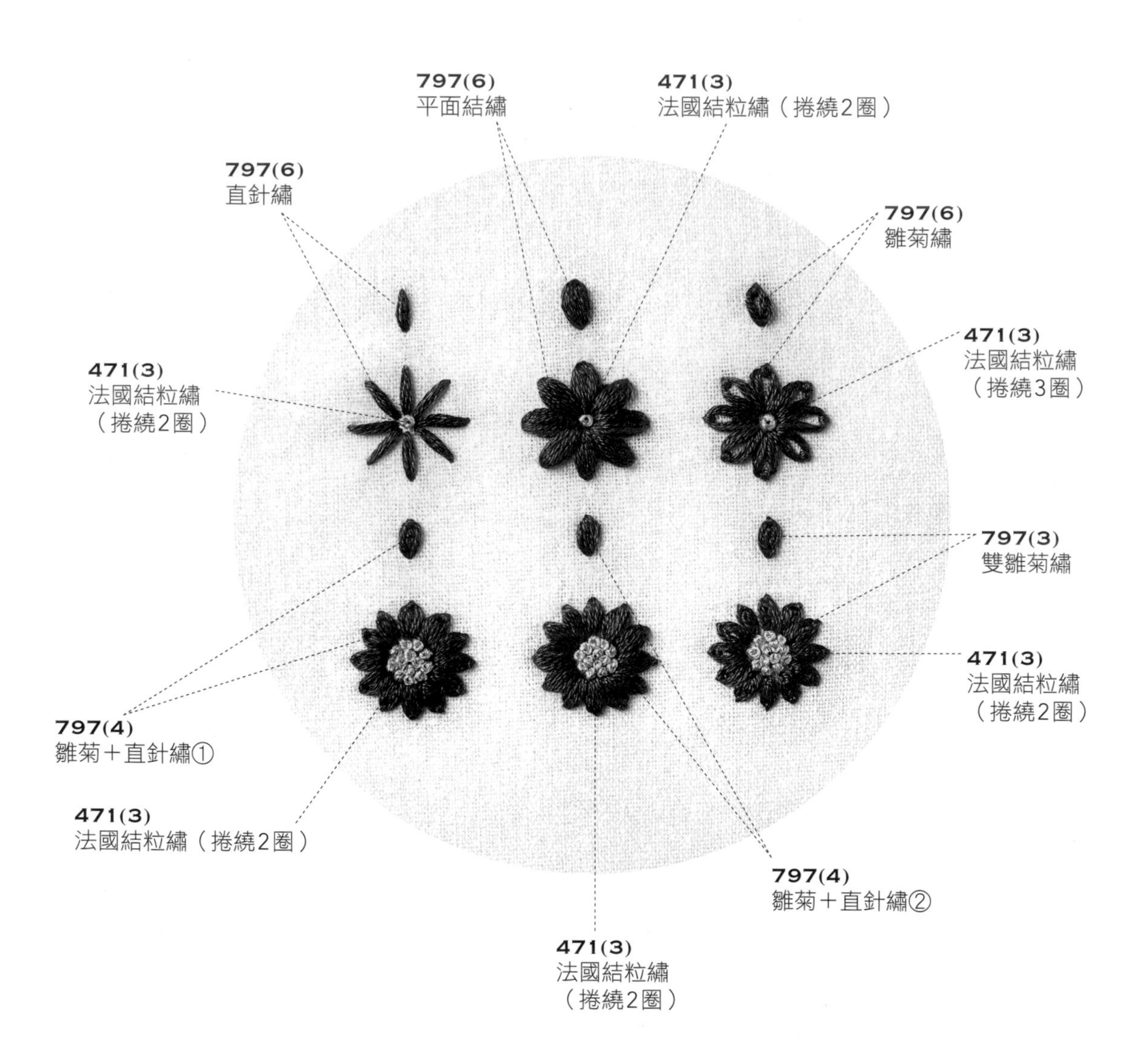

針法練習2

原寸圖案 • PAGE 211

使用的繡線	● 372 ● 760 ● 761 ● 3712
使用的針法	法國結粒繡、蛛網玫瑰繡

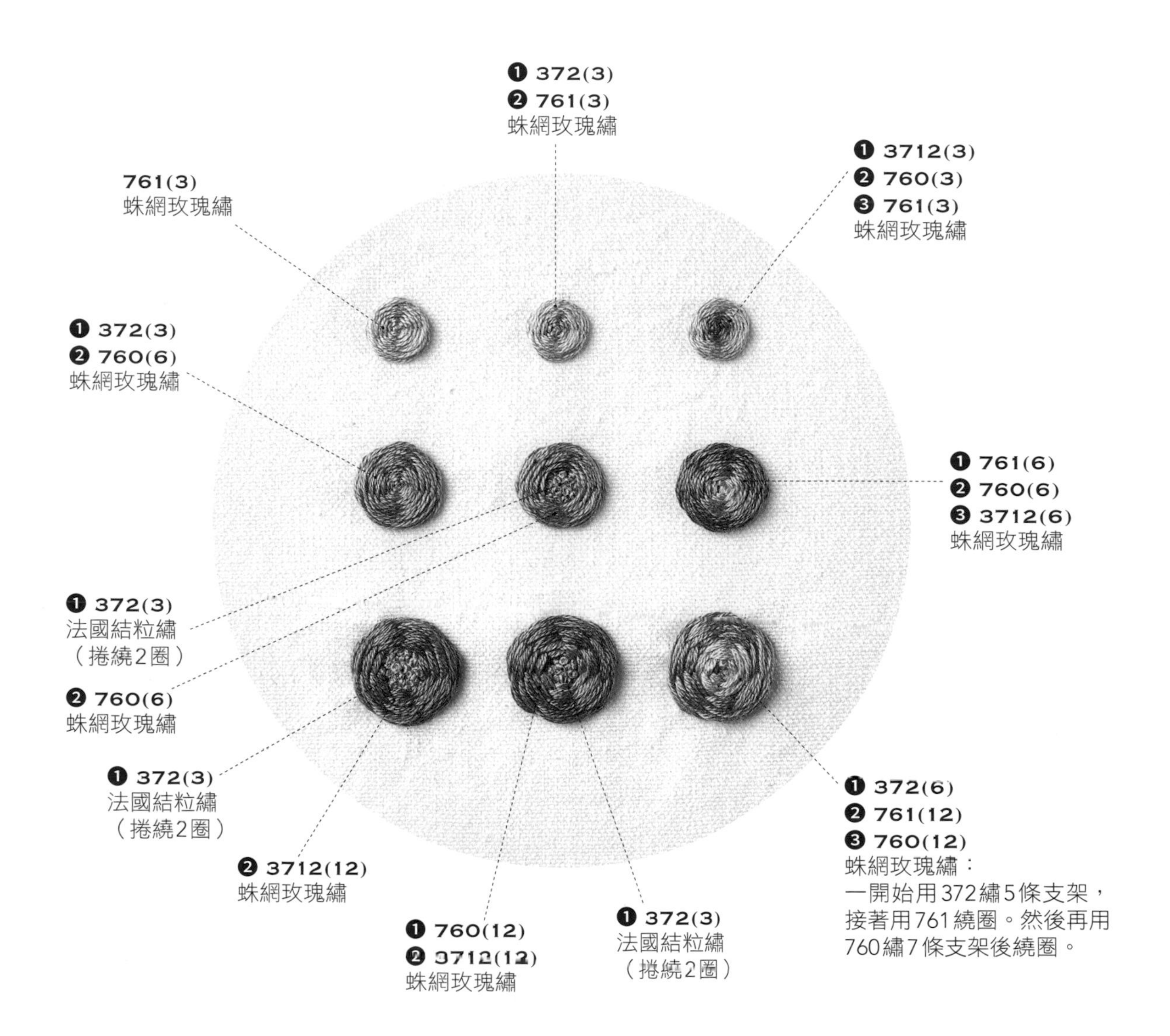

針法練習3

原寸圖案・PAGE 212

使用的繡線	● 3012 ● 3820 ● 3822 ● 3852
使用的針法	法國結粒繡、捲線繡（1基本形・2環形）

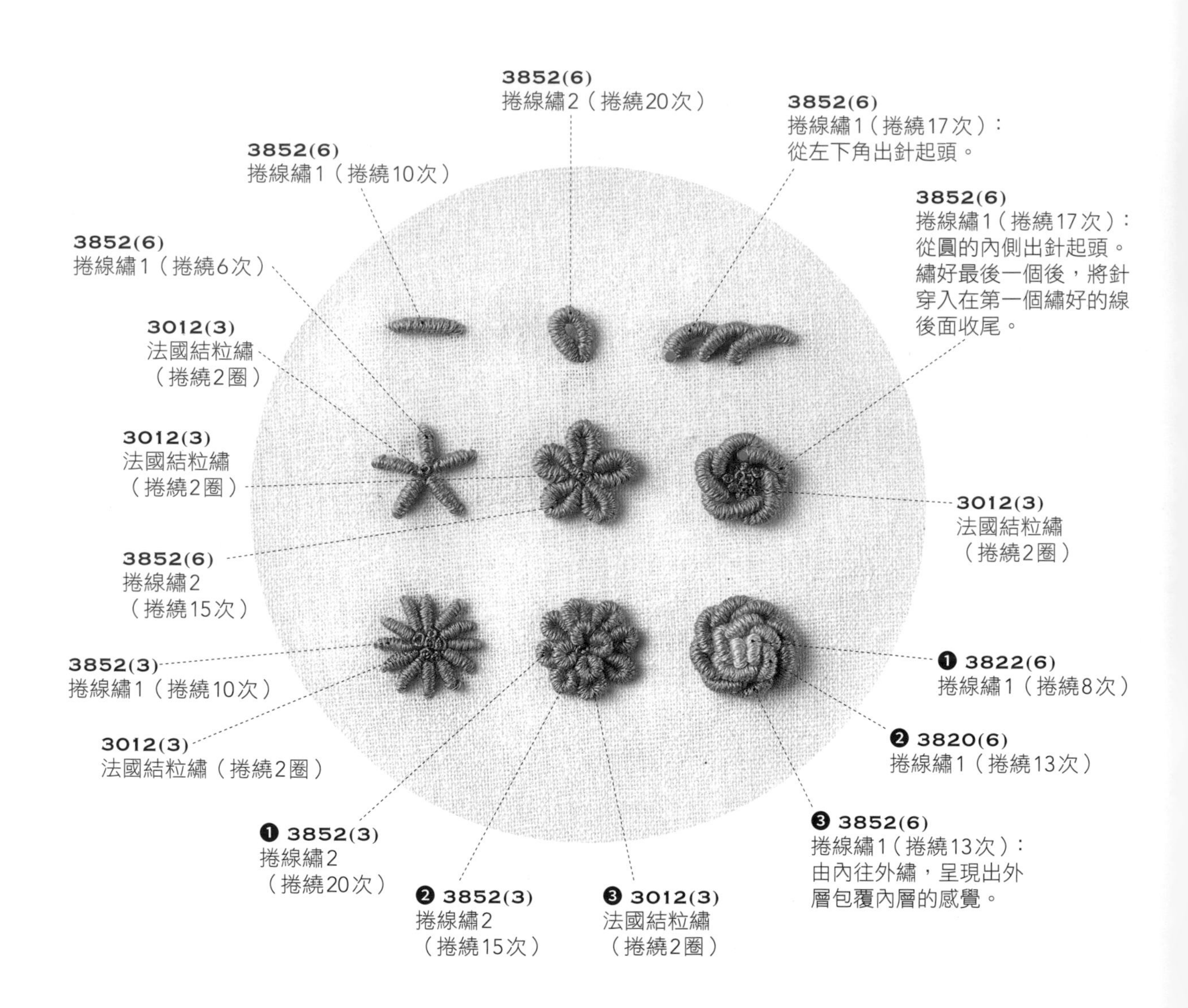

針法練習 4

原寸圖案・PAGE 213

使用的繡線	10 ● 209 ● 210 ● 451（Appletons羊毛線）
使用的針法	法國結粒繡、玫瑰花形鎖鏈繡、指環繡、繞線指環繡、立體結粒繡

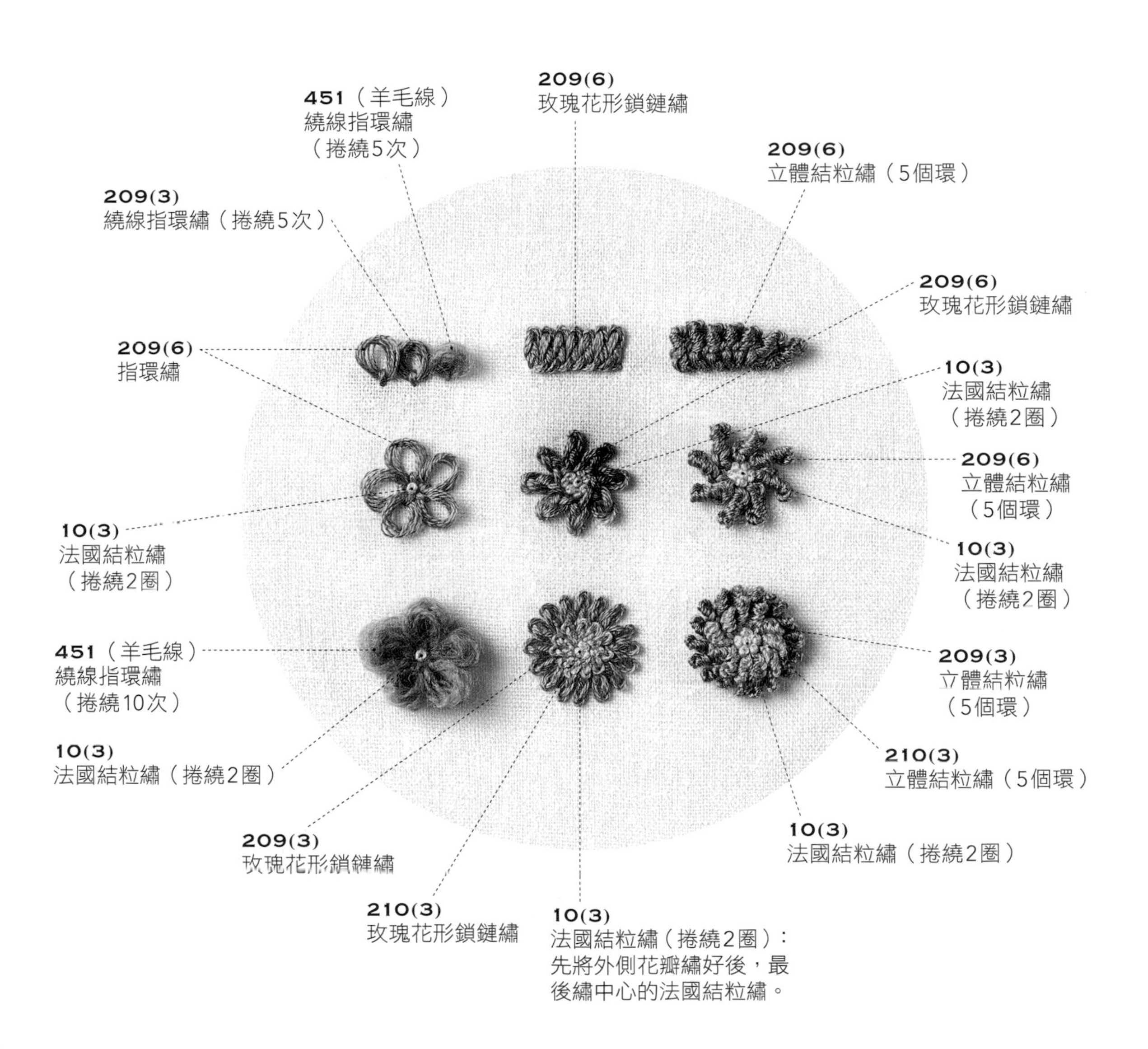

針法練習5

原寸圖案・PAGE 214

使用的繡線	●350 ●351 ●472
使用的針法	法國結粒繡、斯麥納繡（1基本形・2環形・3重疊環形）

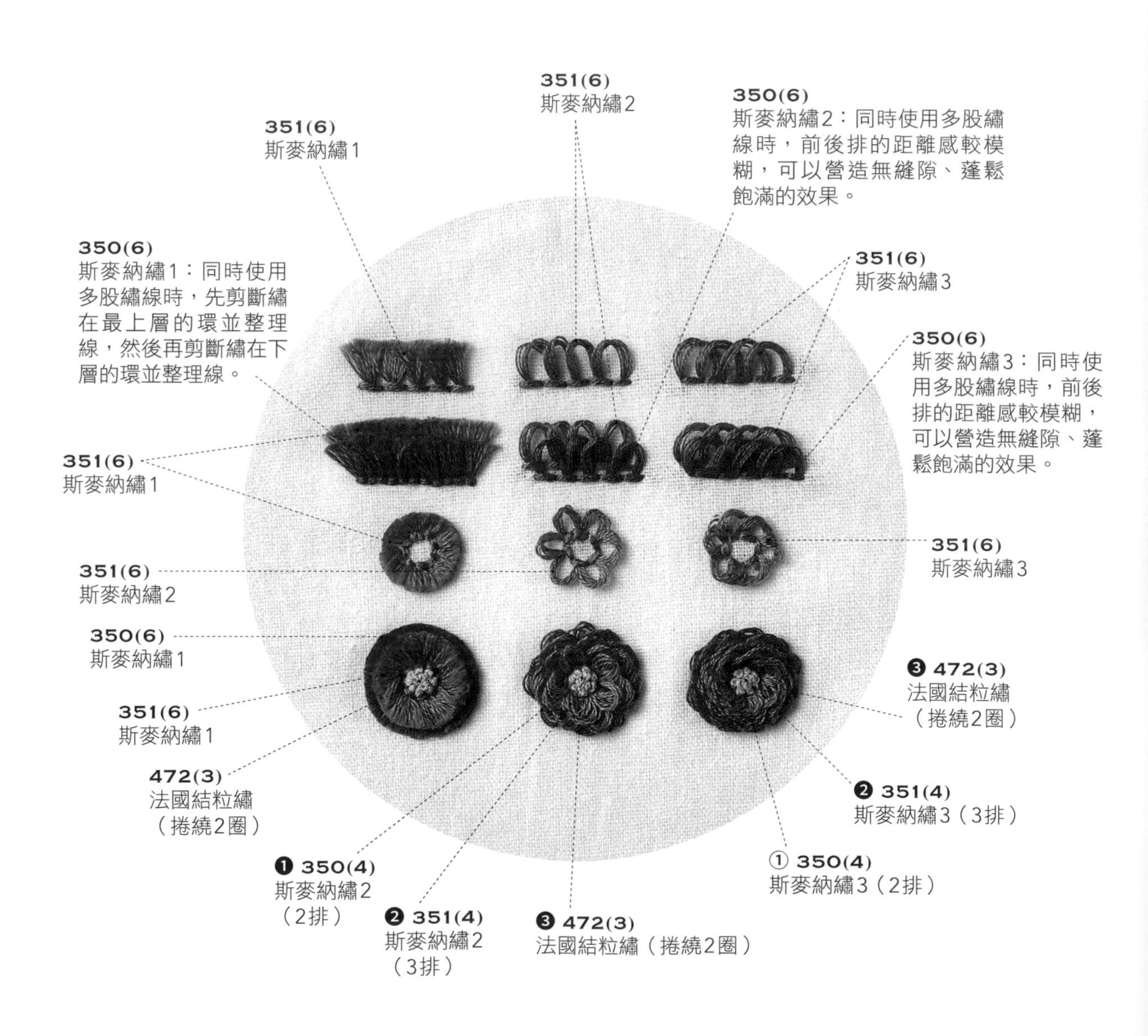

針法練習6

原寸圖案・PAGE 215

使用的繡線	10 ●722 ●922 ●3825
使用的針法	法國結粒繡、單邊編織捲線繡（1基本形・2環形・3半月形）

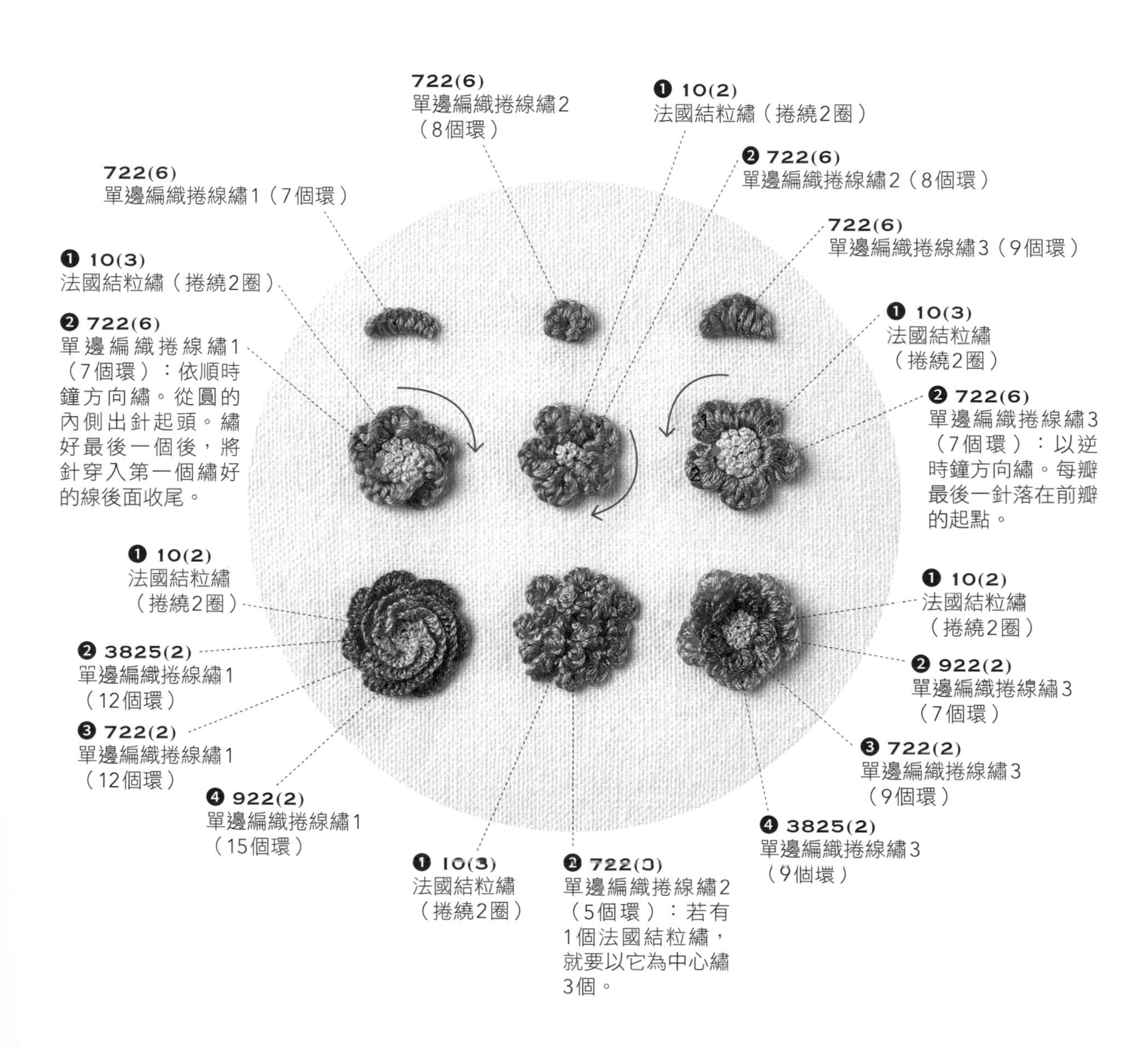

針法練習 7

原寸圖案 • PAGE 216

使用的繡線	● 895 ● 987 ● 3012 ● 3013 ● 3347 ● 3781
使用的針法	直針繡、羊齒繡、飛鳥葉形繡、魚骨繡、緞面繡、毛邊繡、編織葉形繡、輪廓繡、回針繡、鎖鏈繡、裂線繡

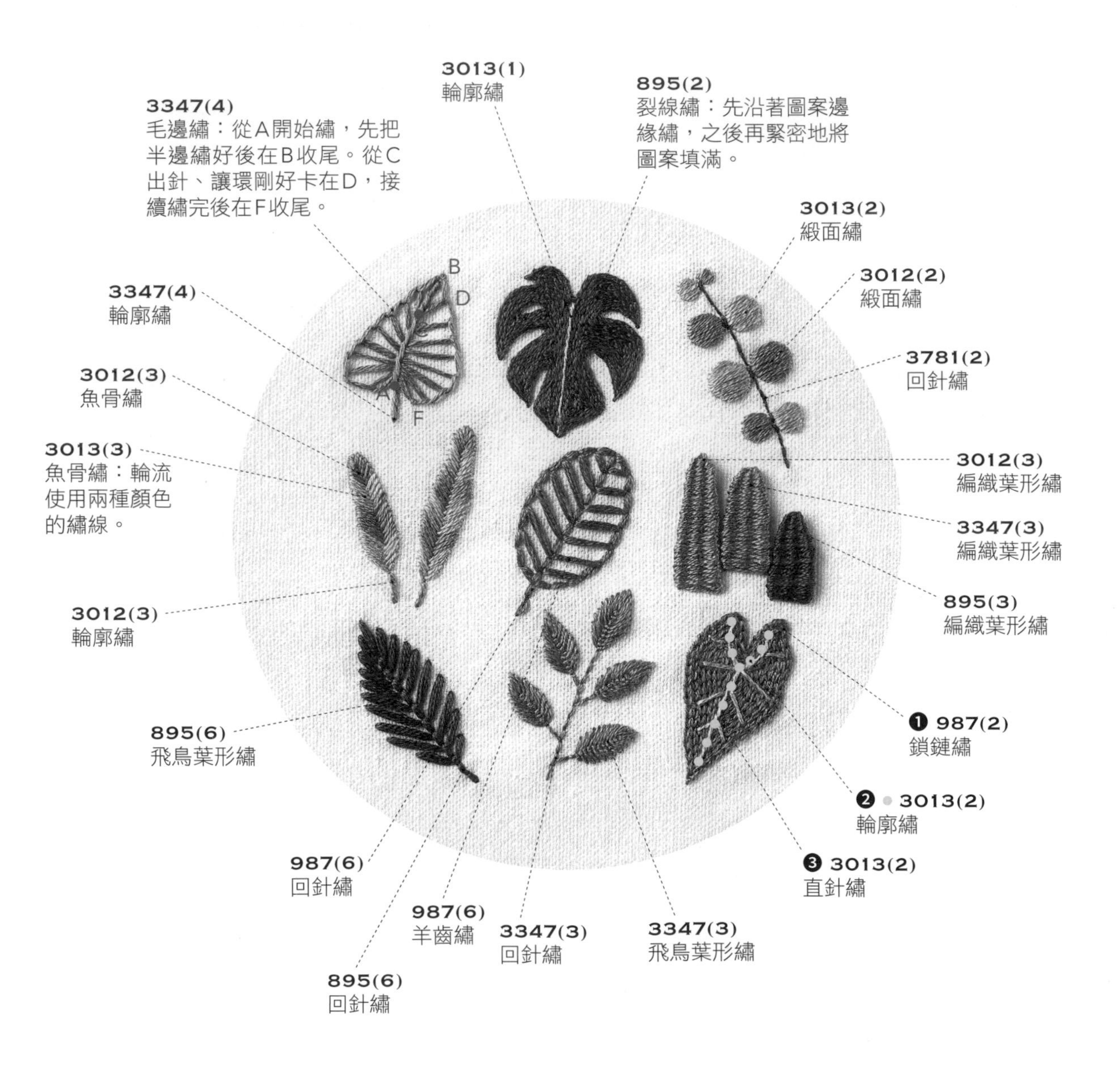

針法練習 8

原寸圖案・PAGE 217

使用的繡線	● 7 ● 407 ● 3893
使用的針法	輪廓繡、鎖鏈繡、裂線繡

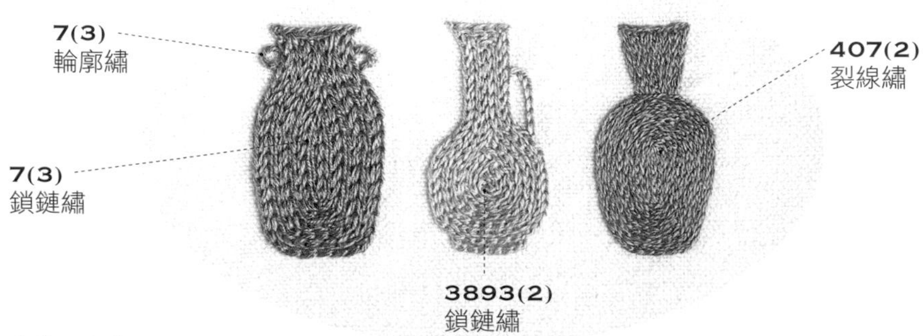

針法練習 9

原寸圖案・PAGE 217

使用的繡線	● 3781 ● 3862 ● 3863 ● 3864
使用的針法	莖幹繡、籃網繡

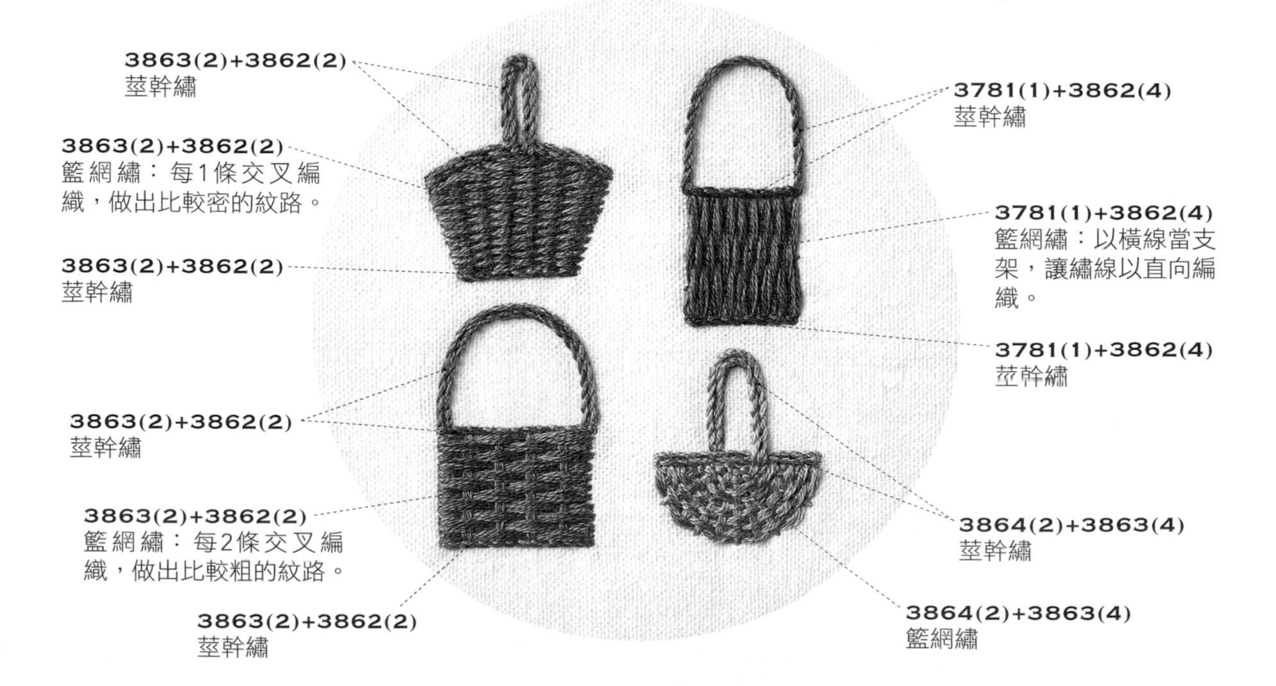

Part 2

繡出不同色系花卉的時間

Purple and Blue

◇

薰衣草／藍星花

藍蝴蝶／鐵線蓮

#1

紫色與藍色花卉

薰衣草 ◇

將散發普羅旺斯氣息的薰衣草裝進繡框。
在這些淡紫色小花苞之間，
穿梭著引人注目的紅色瓢蟲。

原寸圖案・PAGE 218

使用的繡線	薰衣草	209 310 321 333 677 3053
	薰衣草花環	209 310 321 333 677 3053 3363

使用的針法	薰衣草	直針繡、輪廓繡、雛菊＋直針繡②、法國結粒繡、緞面繡
	薰衣草花環	直針繡、輪廓繡、雛菊＋直針繡②、法國結粒繡、緞面繡、緞帶繡、回針繡

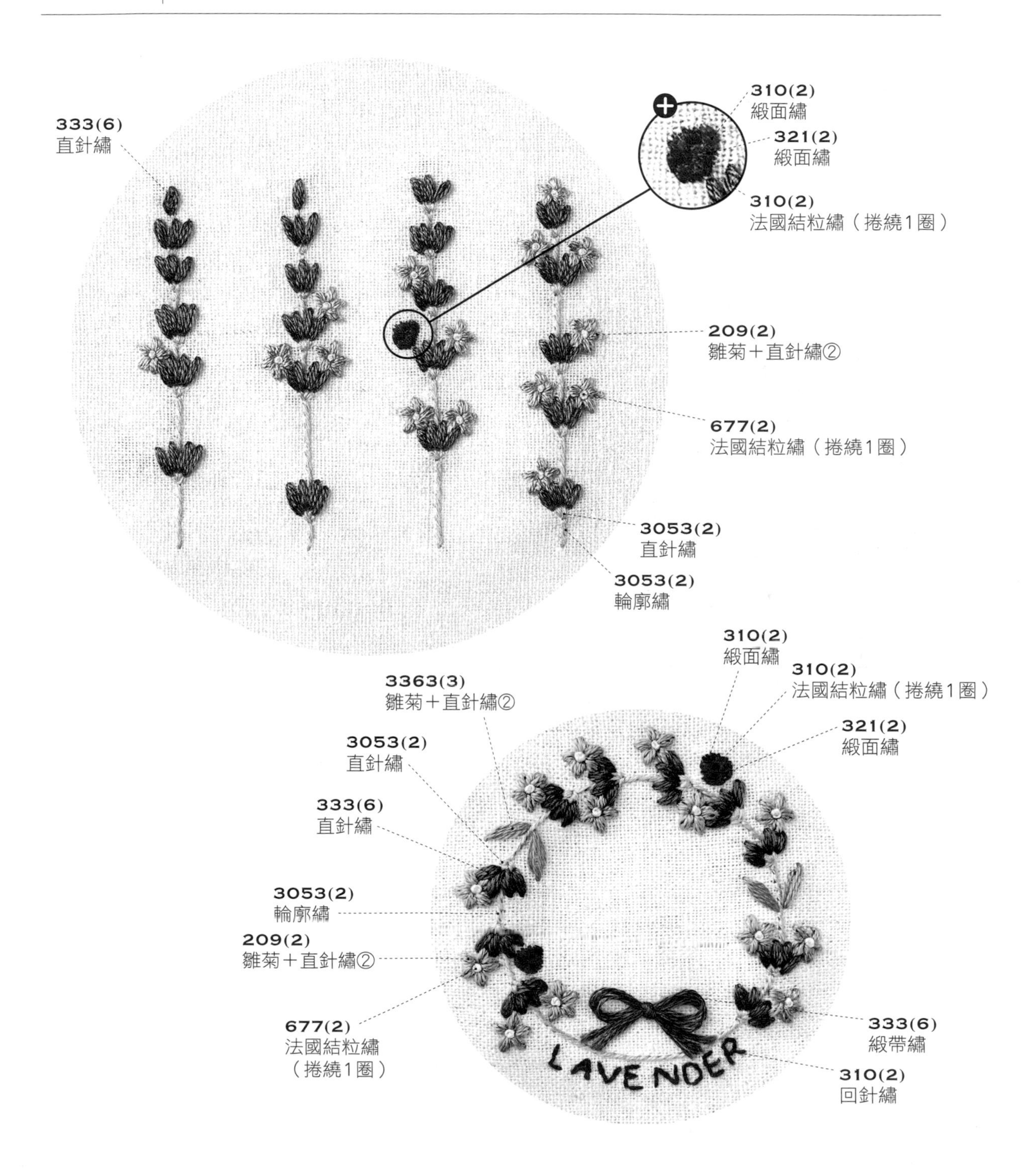

| 薰衣草的繡法 |

1 用直針繡來繡紫色花瓣，盡量將每條線的兩端集中靠攏，避免分太開。

2 用短短的直針繡做出花萼；用輪廓繡來繡筆直的花莖。

3 用雛菊＋直針繡②先繡盛開的淺紫色花朵，然後在五片花瓣正中央用捲繞一圈的法國結粒繡來繡雄蕊。

TIP | 繡花瓣時，先從線條內側出針，形成環，最後在線條上入針收尾，就能繡出不超過圖案大小的小花瓣。

4 用緞面繡來繡瓢蟲的翅膀和頭部，再用法國結粒繡繡出黑色斑點。

TIP | 在繡黑色斑點時，要是把線拉得太緊，線可能就會消失在緞面繡裡。所以在拉線時務必輕拉，輕輕地點在翅膀上。

| 圖案應用：薰衣草花環 |

1 請依照薰衣草繡法的**步驟**1～4操作，然後再繡綠色葉片。

2 用雛菊繡＋直針繡②來繡綠色葉片時，先弄出小小的環，接著在稍遠的地方出針再固定環，就能做出葉子的尖端。

3 用回針繡繡上LAVENDER的字樣後，取6股線做出一個緞帶繡即完成。

TIP | 照片裡的香氛袋製作方法請參考第28頁。

藍星花 ◇

藍星花的花瓣彷彿藍色水彩暈染開來一樣，
帶有隱隱約約的色彩變化。
為了呈現每片花瓣上不同的色彩濃度，
會將兩種線以不同比例混合使用。

原寸圖案・**PAGE 219**

使用的繡線	● 26 ● 30 ● 211 ● 746 ● 826 ● 3013 ● 3325 ● 3362 ● 3363 ● 3364 ○ 3753 ○ BLANC
使用的針法	裂線繡、雛菊＋直針繡①、緞面繡、輪廓繡、法國結粒繡、平面結繡

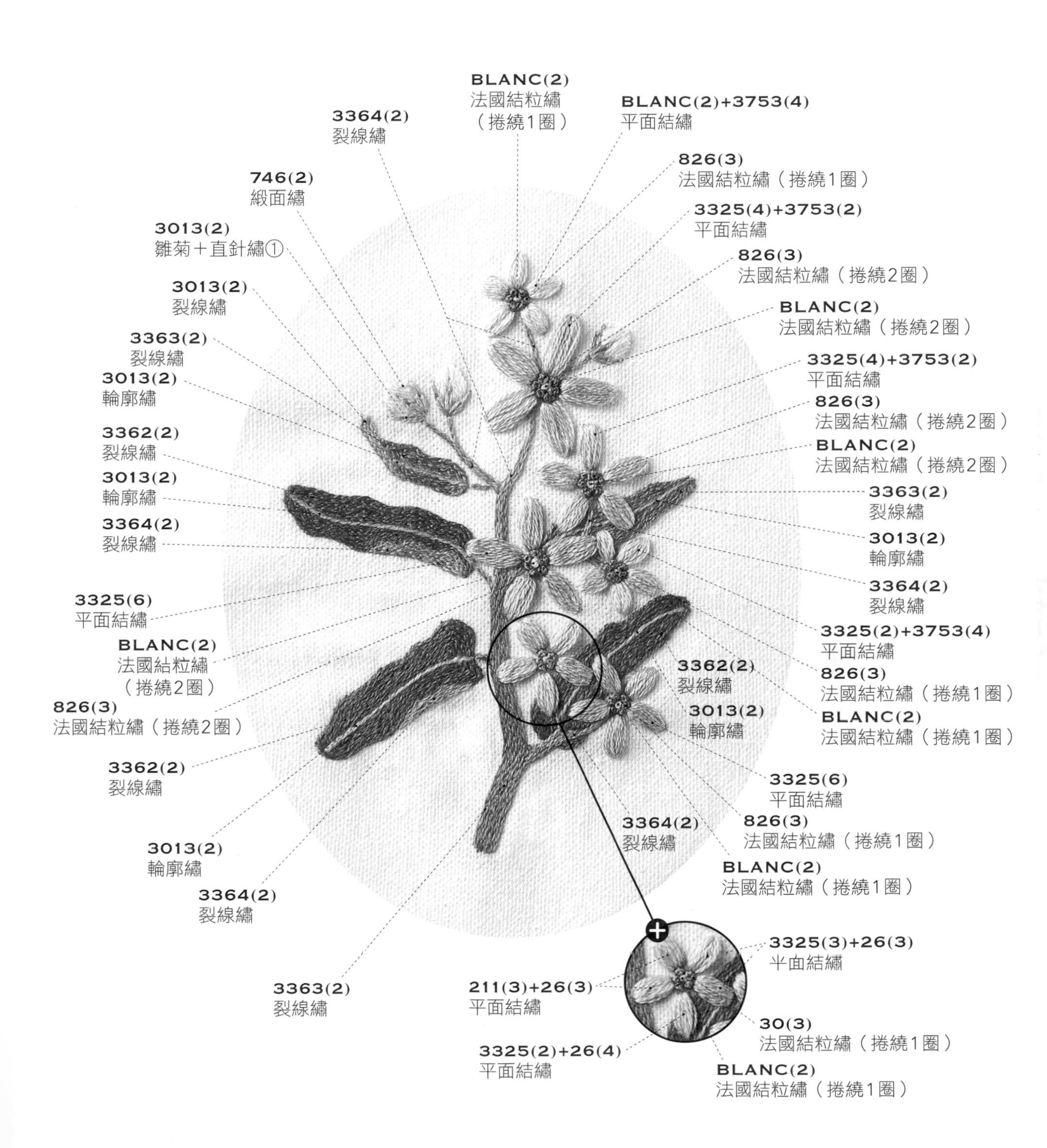

| 藍星花的繡法 |

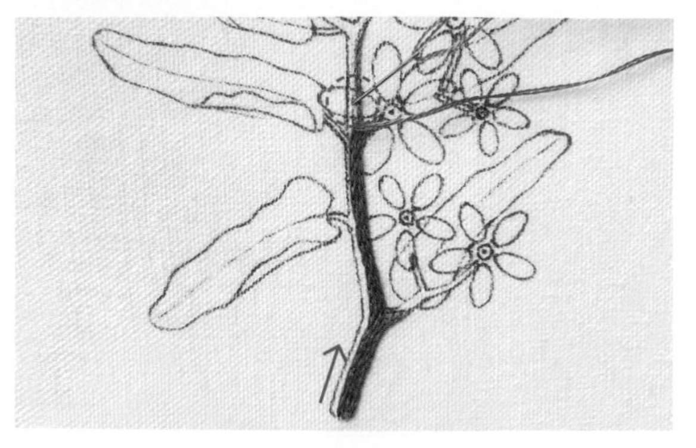

1 為了用兩種顏色來繡莖，得從莖的最下方開始，固定朝同方向繡裂線繡。繡到該換色的地方時，往前一個針距入針收尾。

2 繡完步驟1的最後一針後，換成3364號繡線，並從前一條線的中間出針，用裂線繡繼續繡。

3 用雛菊繡來繡花萼。在固定環時從稍遠的地方出針，把尾端弄得尖尖的，並在環內部繡直針繡。

4 用緞面繡緊密地繡出花苞。

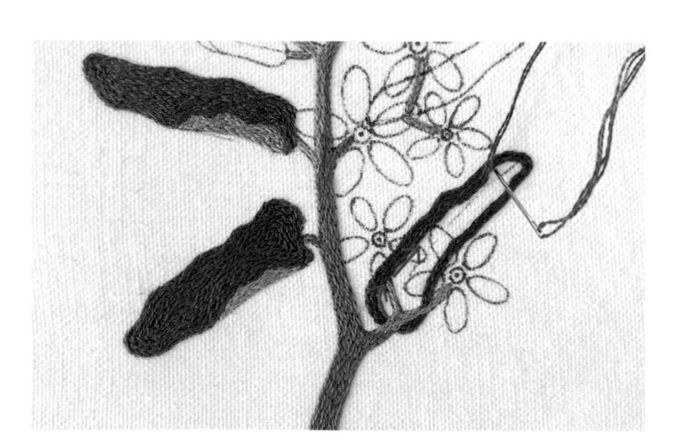

5 先繡葉片的輪廓，清楚劃分好葉片範圍，再緊密地繡中間的部分。若遇到和莖重疊之處，就由莖下方斜斜地入針收尾，再從對面斜斜地出針。

6 重新描繪葉片上的葉脈紋路後，用輪廓繡繡出。

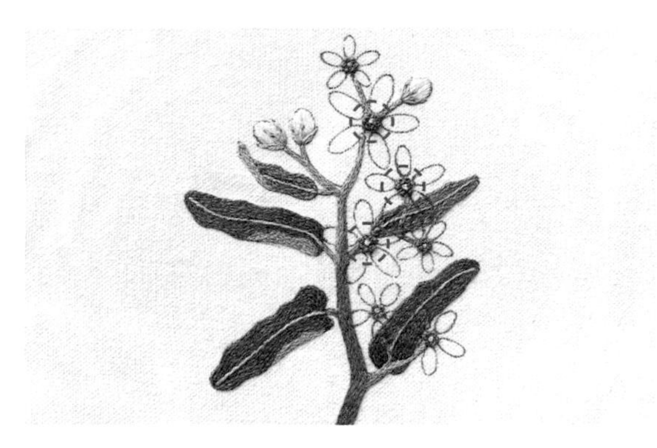

7 花朵中央的花蕊都用法國結粒繡來繡，三個大花蕊要捲繞二圈，其餘小花蕊則捲繞一圈。

8 在花瓣中間繡上一個短針，緊接著繡平面結繡。

TIP | 當使用的繡線股數較多時，可以先在會被遮住的地方繡一個短針來起頭，這樣在刺繡的過程中就不會受結的影響。

9 剩下的花瓣也要繡出漸層的感覺。

TIP | A線和B線一條一條交替混合再使用，就會呈現自然混色的感覺。

藍蝴蝶 ◇

因花朵盛開時，模樣彷彿藍色蝴蝶佇足而得名。
把長得像竹子一樣的細長雄蕊繡得又薄又密集，
正是這朵花的一大重點。

原寸圖案 • PAGE 220

使用的繡線	● 28 ● 156 ● 340 ● 797 ● 3053 ● 3740 ● 3747 ● 3807
使用的針法	法國結粒繡、輪廓繡、回針繡、鎖鏈繡、莖幹繡、雛菊繡、緞面繡

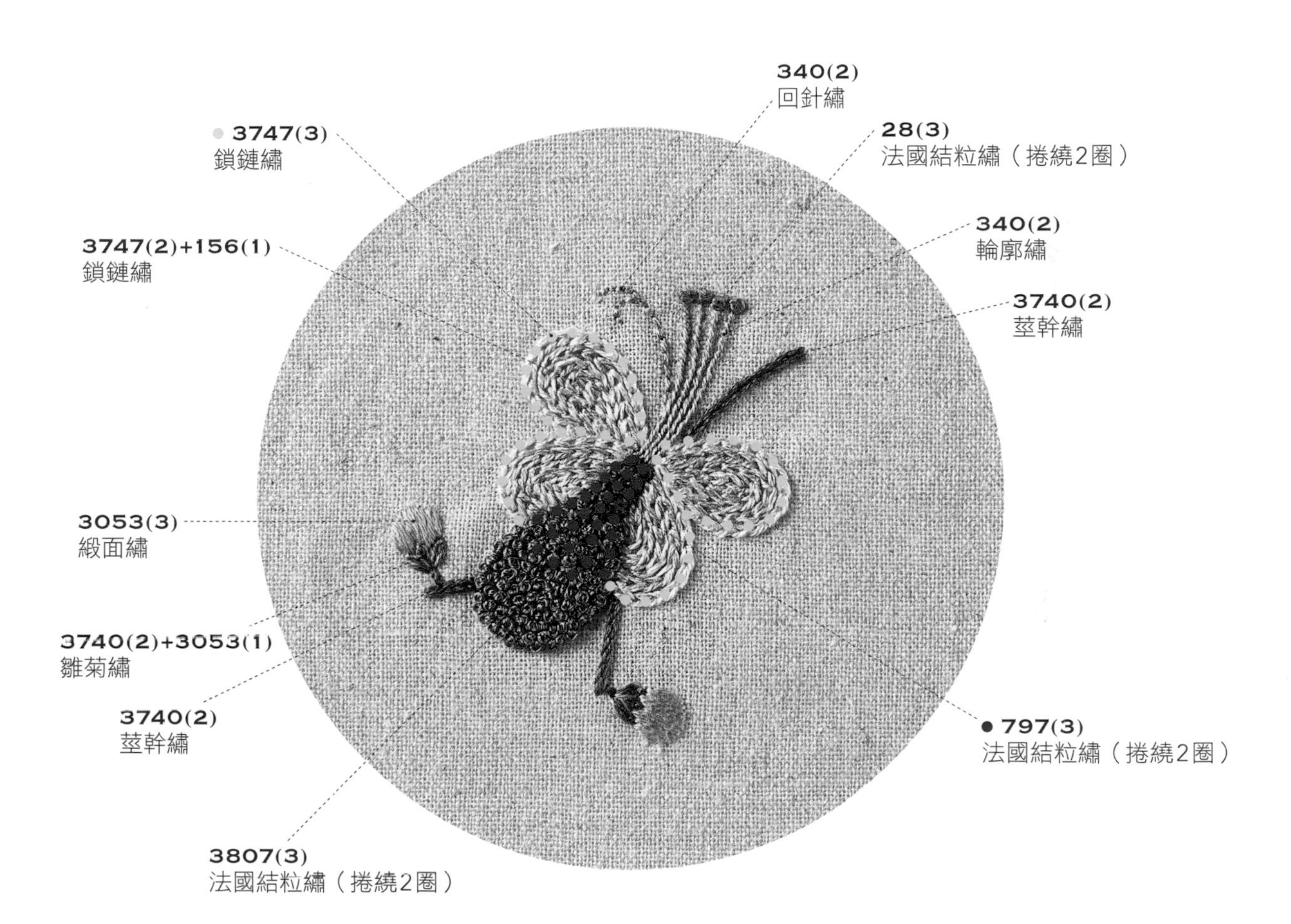

| 藍蝴蝶的繡法 |

1 將中央修長的花瓣分成三個部分，用法國結粒繡先緊密地繡滿A面。

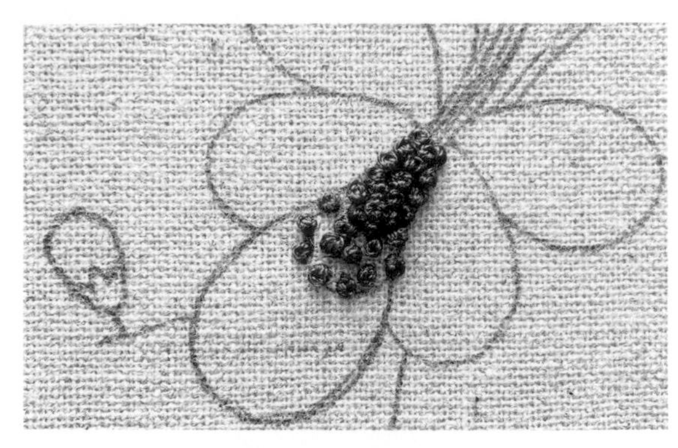

2 接著稀疏地繡滿B面。

3 換上淺色的繡線後，緊密繡滿B的空隙和C面。

4 用輪廓繡來繡薄薄的四支雄蕊長條花絲，然後在頂端繡上法國結粒繡。尾端有分岔的雌蕊則用回針繡來繡。

5 用鎖鏈繡先繡出兩側的花瓣輪廓。

6 換線，用鎖鏈繡填滿花瓣內側。

TIP | A線和B線一條一條交替混合再使用，就會呈現自然混色的感覺。

7 用並排的莖幹繡來繡莖。和花蕾相連的短莖也要繡得密實。

TIP | 繡並排的莖幹繡時，務必朝同一個方向，紋路才會顯得自然。

8 取2股3740號線及1股3053號線，用雛菊繡來繡出花萼造型。

9 花蕾處緊密地繡上緞面繡即完成。

鐵線蓮 ◇

此花帶有「你有一顆純良的心」的美麗花語。
我將紫色系的花朵們繡成花環的模樣，
還有種藤蔓延展的感覺。

原寸圖案・PAGE 221

使用的繡線	● 34 ● 35 ● 153 ● 155 ● 209 ● 544 ● 552 ● 739 ● 839 ● 986 ● 987 ● 3364 ● 3746
使用的針法	莖幹繡、回針繡、飛鳥葉形繡、雛菊＋直針繡①・②、斯麥納繡1（基本形）、法國結粒繡

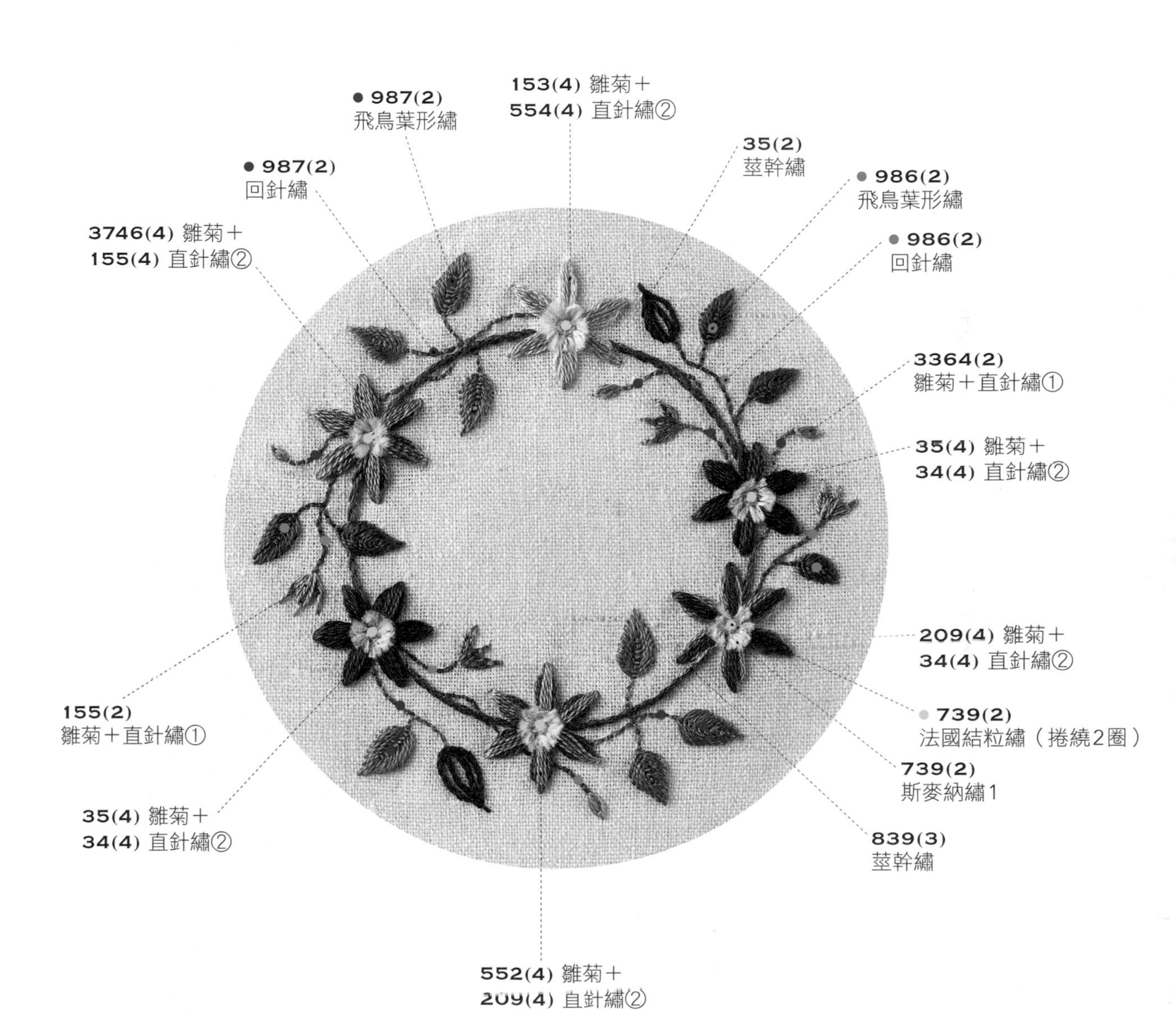

| 鐵線蓮的繡法 |

1 首先用莖幹繡繡出主莖的曲線。

2 用回針繡來繡綠色的莖；用飛鳥葉形繡緊密地繡出綠葉。

TIP | 一遇到莖彎曲的地方就縮短那一針的長度並緊密地繡。

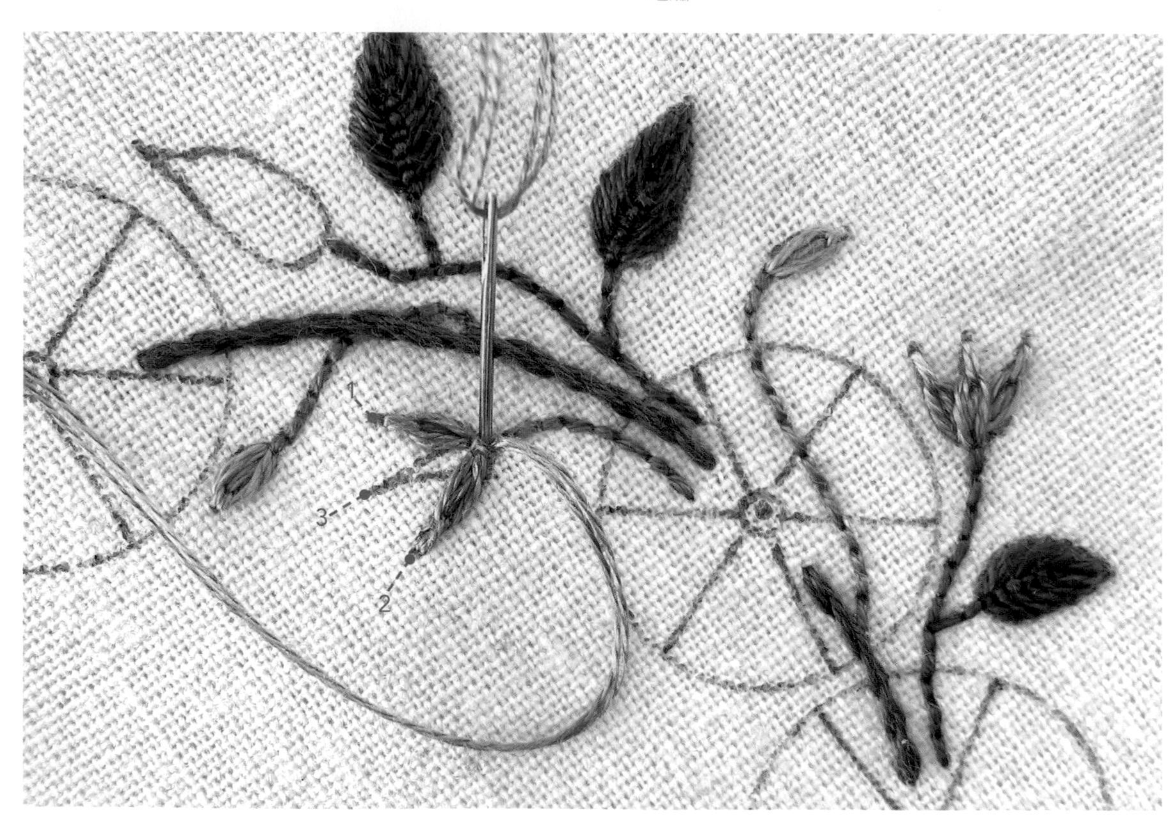

3 側面的花瓣和小花蕾用雛菊繡先繡出輪廓，然後用直針繡把中間填滿。

TIP | 在繡雛菊繡的環時，請從稍遠的地方出針，把尾端弄得尖尖的。先繡旁邊兩側的花瓣，中間的花瓣留到最後繡，才能乾淨俐落地收尾。

4 大花苞就照著圖案繡短針的莖幹繡。

5 大花瓣先用雛菊繡繡好輪廓，換色線後再於中間繡上直針繡。

6 用斯麥納繡來繡花瓣內部，並在保留環的狀態下於正中央繡上法國結粒繡。之後剪斷斯麥納繡的環，稍微將線整平。

7 完成鐵線蓮。

Yellow and Orange

◇

向日葵／油菜花

野罌粟／連翹花

#2

黃色與橘色花卉

向日葵 ◇

因模樣相似於太陽，又被稱作「太陽花」。
我們試著把這款最能代表夏天的花裝進繡框裡吧！
圖案很簡單，但葉片用了不同顏色來展現多采多姿的樣貌。

原寸圖案 • PAGE 222

使用的繡線	向日葵	782 783 986 987 3012 3053 3345 3347 3781 3820 3821
	向日葵的排列	782 895 3012 3346 3781 3820 3822

使用的針法	向日葵	輪廓繡、毛邊繡、法國結粒繡、雛菊＋直針繡②
	向日葵的排列	輪廓繡、毛邊繡、法國結粒繡、雛菊＋直針繡②、直針繡

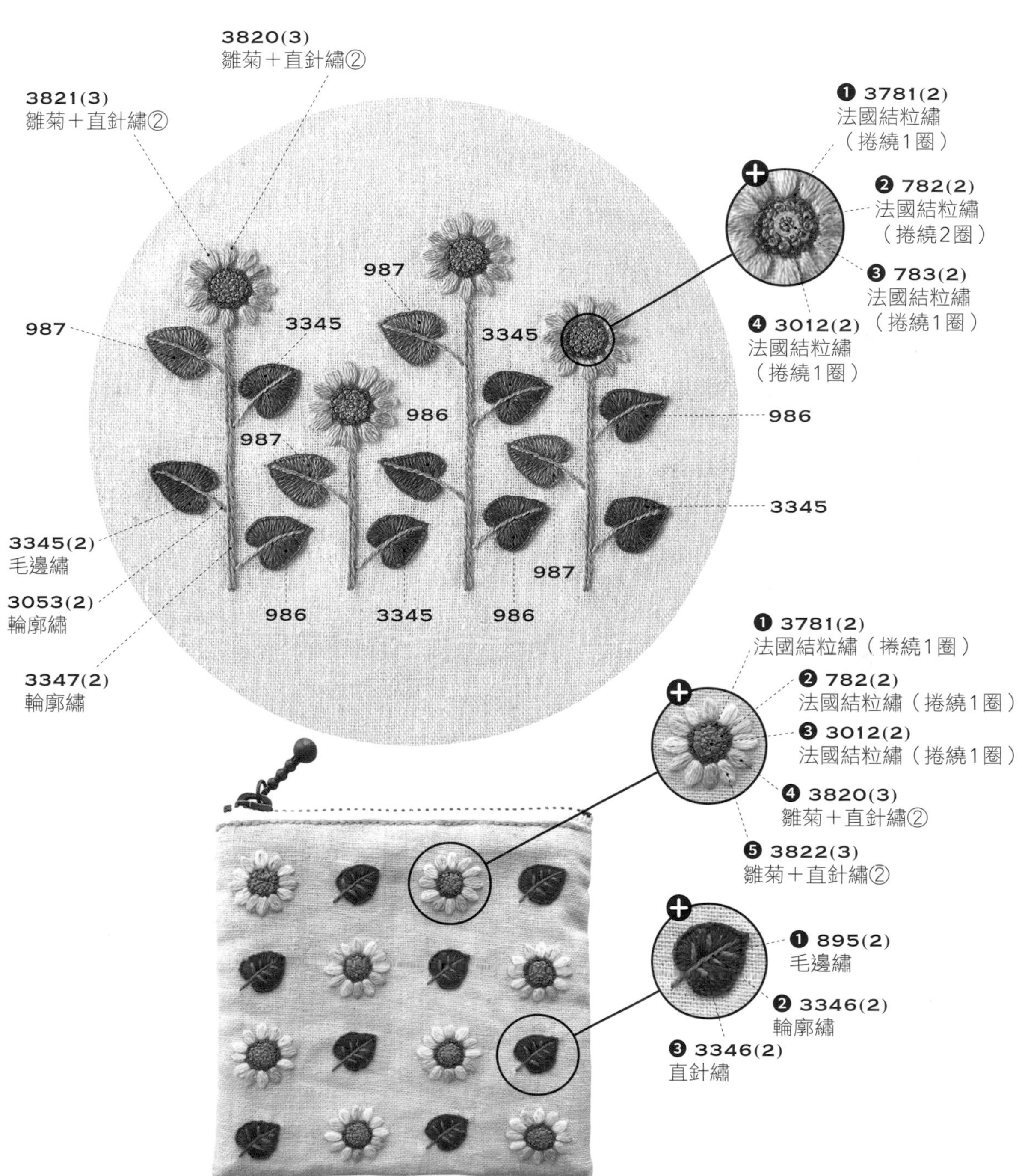

｜向日葵的繡法｜

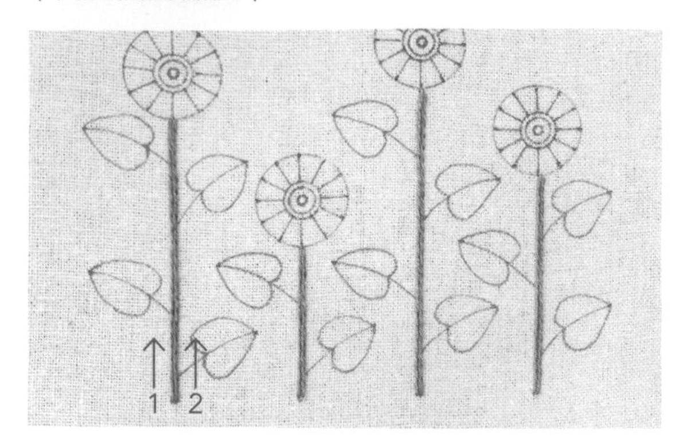

1 用輪廓繡依同方向、並排繡出莖。

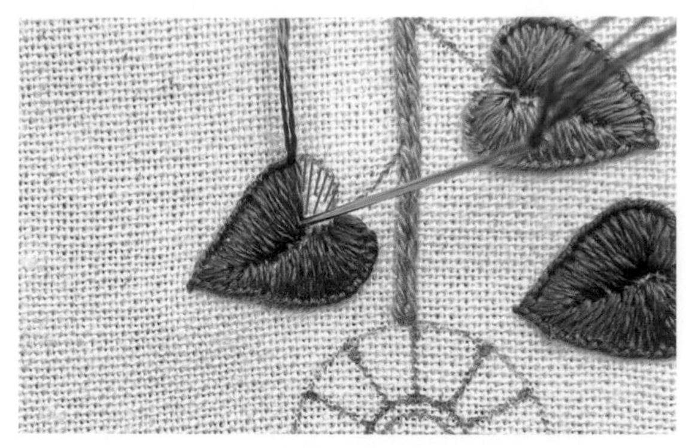

2 為了自然地呈現出葉子形狀，曲線的部分要用毛邊繡、以長針短針交替的方式來繡。

3 葉脈用輪廓繡來繡，讓葉脈自然連接到莖上。

TIP | 繡好葉脈後，往前一針入針收尾，就能做出漂亮的尾端。

4 雄蕊用法國結粒繡由外往內一圈圈地繡。

TIP | 請注意該使用的顏色繡線及捲繞的次數，千萬別搞混了。

5 繡花瓣時交錯使用兩種顏色的繡線，繡出不同顏色的花瓣。

6 完成向日葵。

｜圖案應用：向日葵的排列｜

1 請參考向日葵繡法的**步驟**4～5來繡出花的部分。

2 請參考向日葵繡法的**步驟**2～3來繡葉子和莖。

TIP｜利用直針繡加入橫向的葉脈，增添可愛感。

油菜花 ◇

油菜花季時，田裡會被染成一片愜意的黃色。
我依據花開的不同程度，
把剛開花到開滿花的模樣分成三種方式呈現。

原寸圖案・**PAGE 223**

使用的繡線	17　18　734　3362　3363　3364　3821
使用的針法	輪廓繡、直針繡、回針繡、毛邊繡、平面結繡、雛菊繡、飛鳥繡、法國結粒繡、捲線繡2（環形）

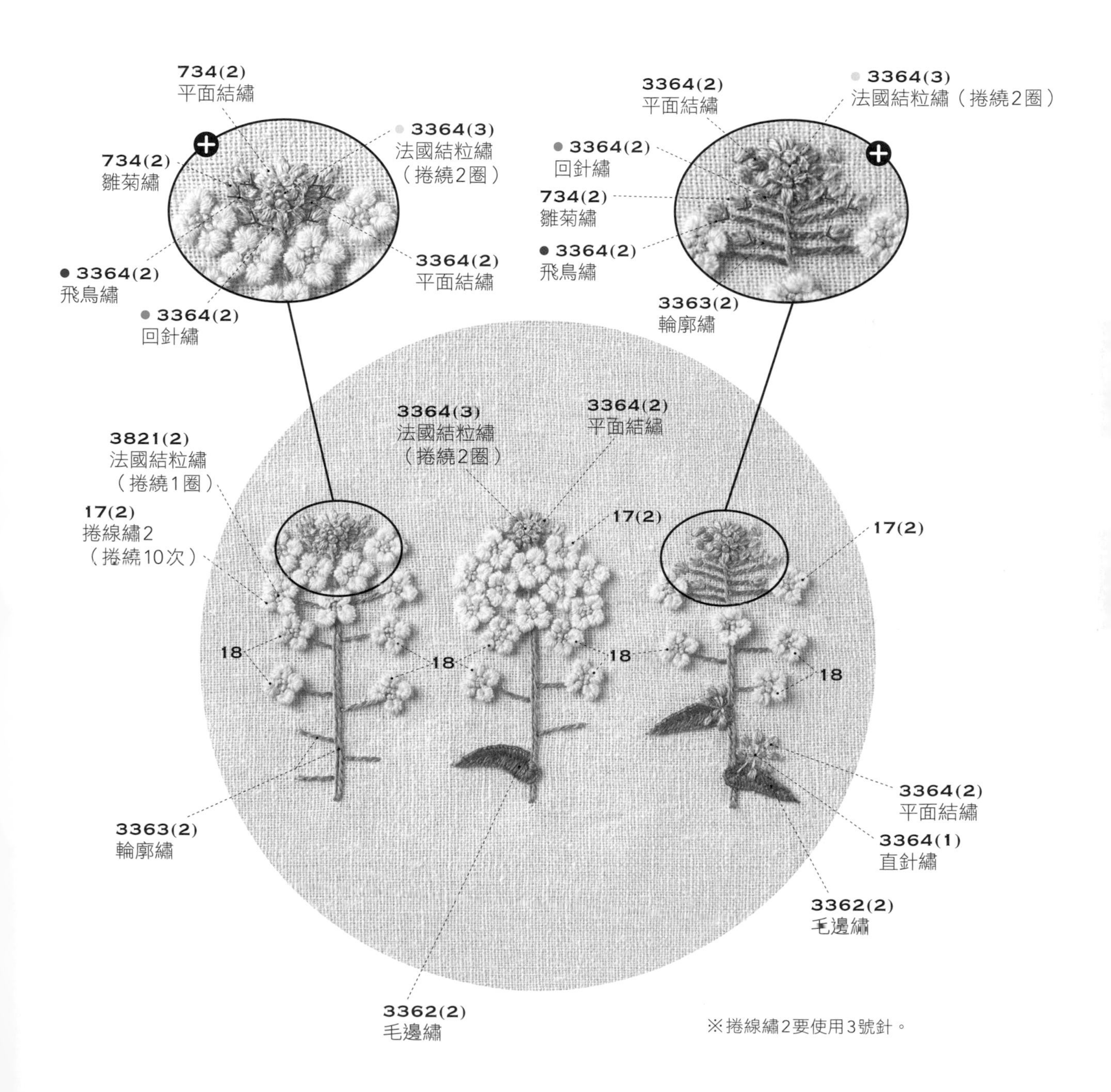

※捲線繡2要使用3號針。

| 油菜花的繡法 |

1 莖用輪廓繡、葉子用毛邊繡來繡。

TIP | 當葉子呈修長狀時，事先畫出輔助線後再繡，比較容易抓準線跟線的間距。

2 和葉子連接在一起的莖用直針繡來繡；位在莖末端的花蕾則用平面結繡來繡。

3 先用飛鳥繡繡出花萼，再用回針繡和輪廓繡來繡纖細的莖。

4 和花萼連接在一起的花苞用雛菊繡來繡，其餘的花苞則用平面結繡。

TIP | 平面結繡可以呈現花苞幾乎快要綻放而變得十分飽滿的感覺。

5 花朵上方的小花蕾用捲繞二圈的法國結粒繡來繡；花瓣正中央的雄蕊用捲繞一圈的法國結粒繡來繡。

6 最後用捲線繡來繡出其餘花瓣，一朵繡四瓣，將法國結粒繡團團包圍。

TIP | 在繡花瓣時，雖然使用的繡線股數並不多，但還是得使用3號針，才能繡出又圓又漂亮的花瓣。

野罌粟 ◇

又名「冰島罌粟」、「冰島虞美人」，
是擁有彎曲的莖及輕飄飄花瓣的可愛花朵。
為了體現帶有鬆軟毛絨的花蕾，這裡選用了羊毛線。

原寸圖案・**PAGE 224**

使用的繡線		
	野罌粟	●350 ●676 ●734 ●3053 ●3774 ●3822 ●3854 ○BLANC ●356（Appletons羊毛線）
	野罌粟與花瓶	●7 ●8 ●350 ●676 ●734 ●3053 ●3774 ●3854 ●3822 ○BLANC ●356（Appletons羊毛線）

使用的針法		
	野罌粟	輪廓繡、緞面繡、斯麥納繡3（重疊環形）、法國結粒繡
	野罌粟與花瓶	裂線繡、緞面繡、斯麥納繡3（重疊環形）、法國結粒繡、輪廓繡

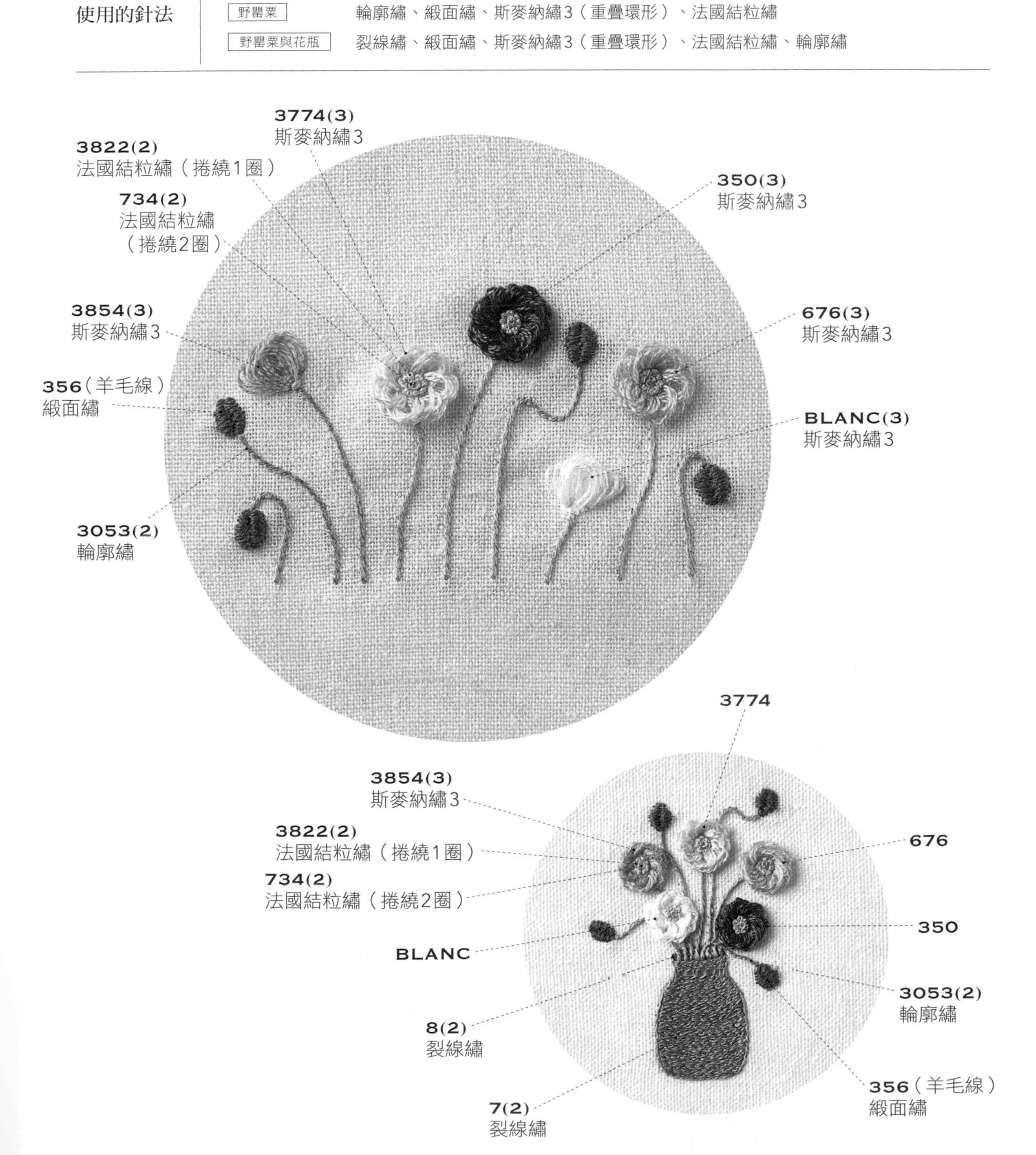

| 野罌粟的繡法 |

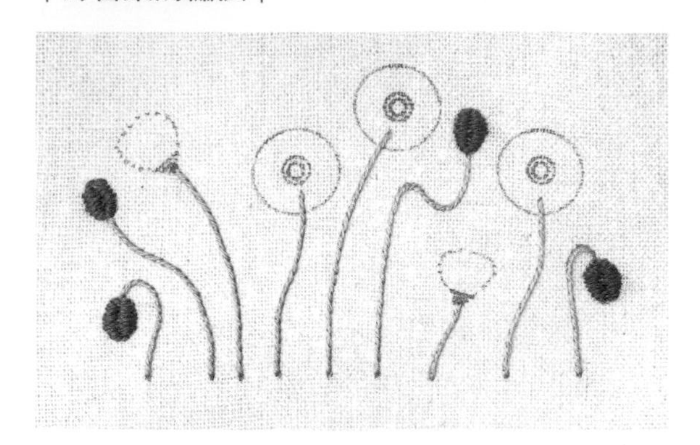

1　用輪廓繡來繡莖；用緞面繡來繡花蕾。

TIP | 在繡莖的彎曲處時，要繡得密實一點，也就是每一針的間隔要比直線時窄，才會顯得自然。

2　側面的花朵用斯麥納繡來表現。緊密繡出三排：第一排三個環、第二排二個環、第三排一個環。

3　綻放的花瓣就沿著圓形圖案繡二排斯麥納繡。

TIP | 要繡得很緊密，每一針間隔約1mm，這樣才能繡出一朵盛開的完整花朵。

4　花朵內側繡上一圈緊貼著花瓣的法國結粒繡。此時將線捲繞一圈做出細小的結。

5　在步驟4繡出的雄蕊正中央，將線捲繞二圈，做出跟剛剛不同大小的法國結粒繡。

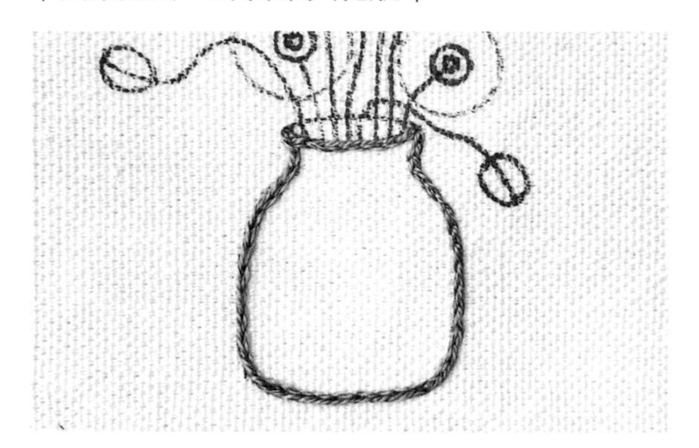

1 先用裂線繡來繡花瓶輪廓。

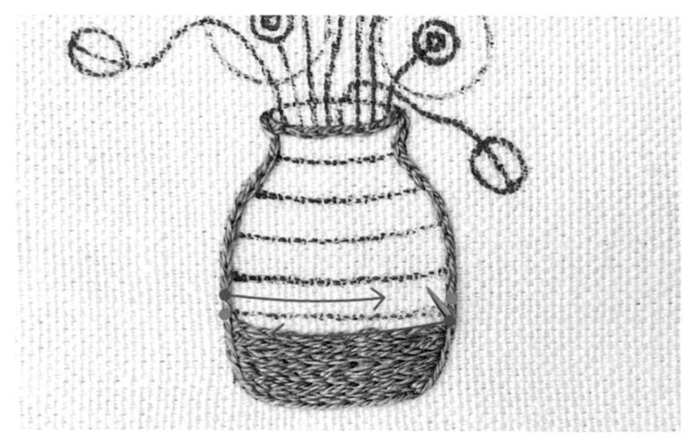

2 花瓶內畫出相同間隔的輔助線。從底層輪廓的線中間出針後，分別往左、往右，輪流交替以裂線繡填滿花瓶。

3 上方換深色線，繡出花瓶內部，做出立體的效果。

4 花朵的部分，請參考野罌粟繡法的**步驟**1～5來完成。

連翹花 ◇

這是代表春天、小巧可愛的花兒。
不知道是不是因為經常在新學期開始的時候，
看見連翹花開在學校圍牆邊的關係，
每次看到時就會感覺到開朗又充滿活力的氣息。

原寸圖案 • PAGE 225

使用的繡線	677 783 839 3347 3820 3821 3822
使用的針法	莖幹繡、玫瑰花形鎖鏈繡、飛鳥繡、法國結粒繡、直針繡、雛菊繡

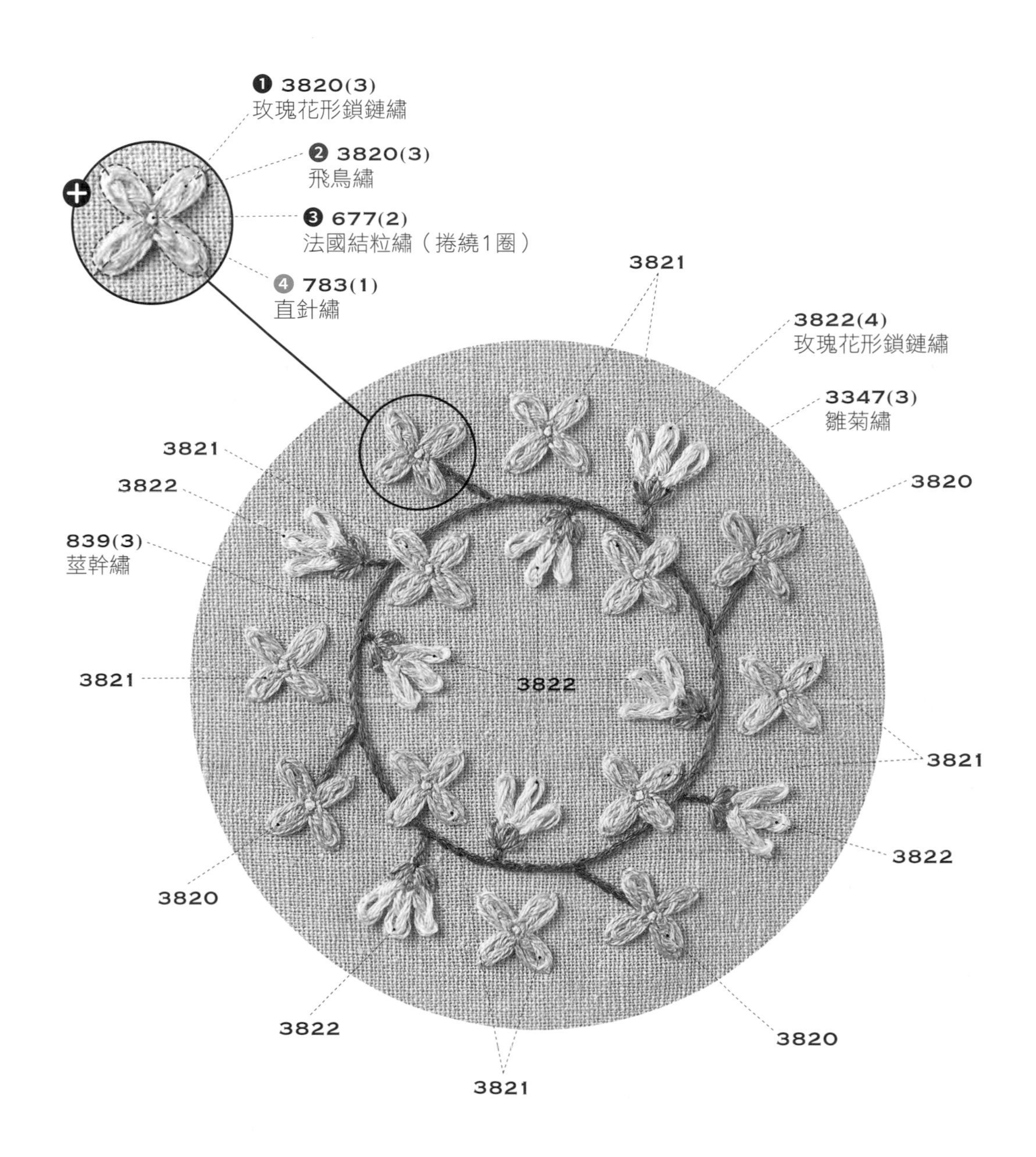

| 連翹花的繡法 |

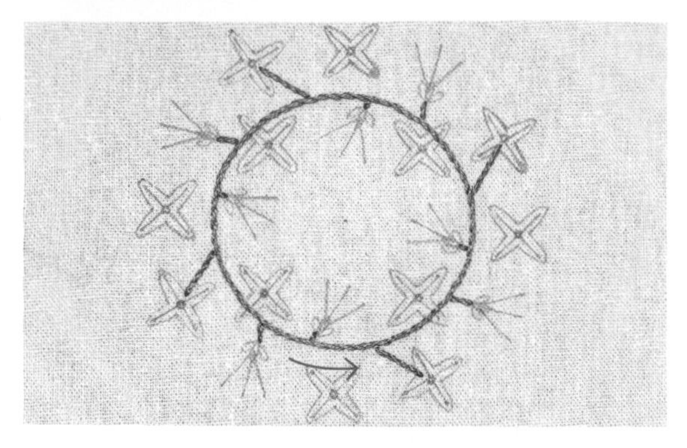

1 將繡線置於圓的外側，用莖幹繡以逆時鐘方向繡出莖。

2 用玫瑰花形鎖鏈繡來繡四片花瓣。

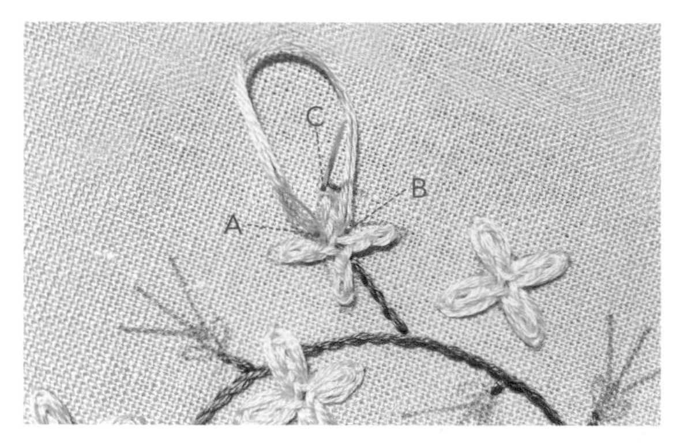

3 在玫瑰花形鎖鏈繡的外側繡飛鳥繡。從A出針、B入針，做出一個環，接著從C出針後拉緊線。

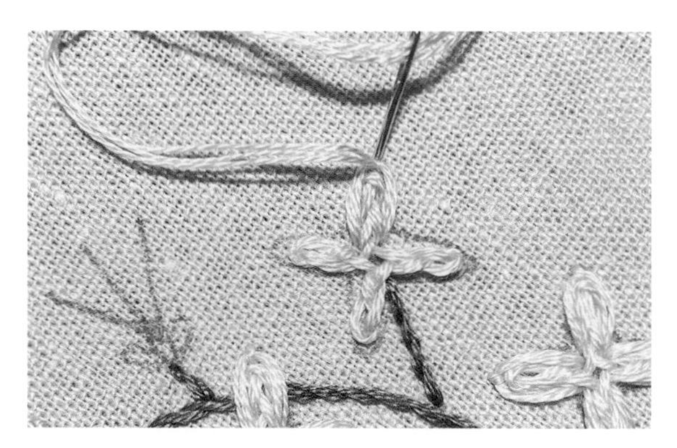

4 由環的外側入針來收尾。

5 花瓣中央的雄蕊用捲繞一圈的法國結粒繡呈現。

6 用直針繡在雄蕊周圍加點紋路。

7 繡花側面的模樣時，從起始點A旁邊的B出針。由A入針後從C穿出，在針插在布面的狀態下開始繡玫瑰花形鎖鏈繡。

8 用玫瑰花形鎖鏈繡來繡三片花瓣，收尾時由第一組的環中間入針。

9 最後用雛菊繡來繡花萼。

Pink

◇

蘋果花／梅花

櫻花／小菊花

#3

粉紅色花卉

蘋果花 ◇

四、五月份開花的蘋果花，實體模樣真的很漂亮，
完全符合它的花語——「誘惑」。
在刺繡的慢時光裡，沉浸於蘋果花的魅力之中。

原寸圖案・**PAGE 226**

使用的繡線	● 23 ● 600 ● 602 ● 676 ● 818 ● 3011 ● 3345 ● 3346 ● 3348
使用的針法	裂線繡、緞面繡、法國結粒繡、輪廓繡、雛菊＋直針繡②

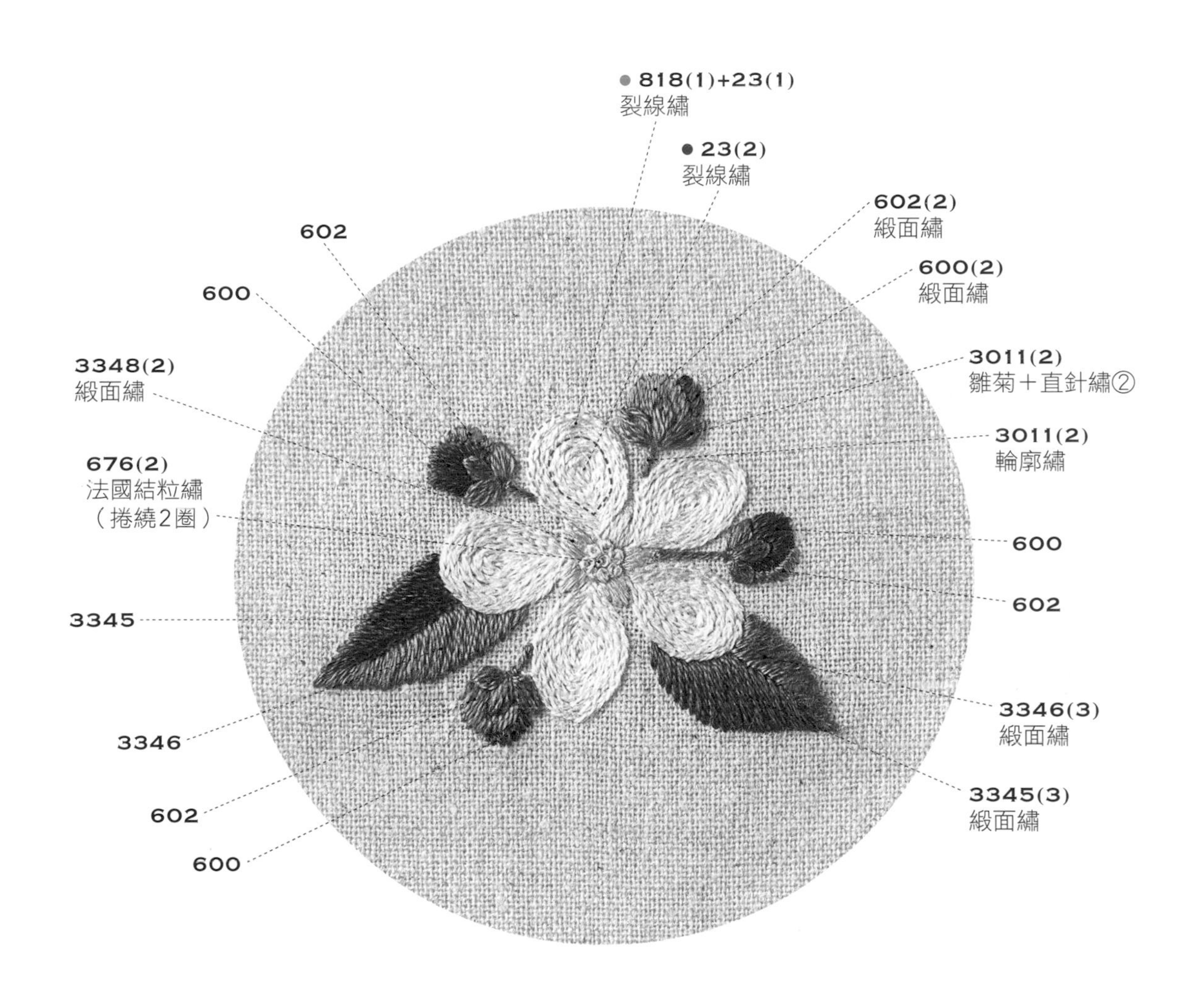

| 蘋果花的繡法 |

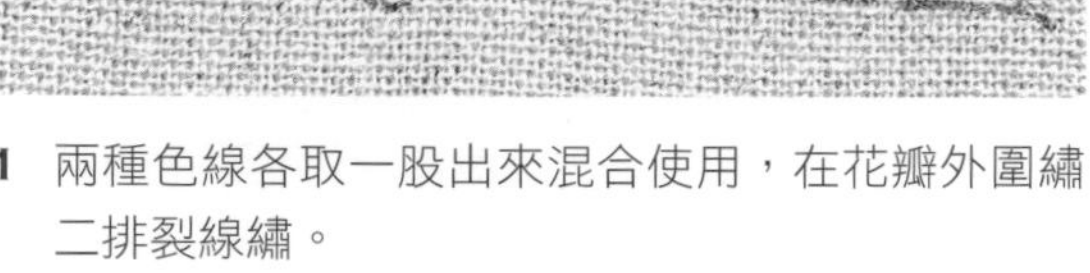

1 兩種色線各取一股出來混合使用，在花瓣外圍繡二排裂線繡。

TIP | 為了呈現出花瓣最外圍較深的粉紅色，請把不同顏色的繡線混在一起使用。

2 取2股的23號線，以裂線繡把花瓣填滿。

3 用緞面繡來繡位於花瓣間、呈淺綠色的花萼；正中央用法國結粒繡填滿。與外側花苞相連的莖則用輪廓繡來繡，然後接著用雛菊＋直針繡②繡花萼。

4 花苞用緞面繡來繡。花苞上同時有深淺兩種顏色，務必仔細留意圖案上的分界線。

5 把葉片分成一半，用兩種顏色繡出緞面繡，在繡的時候方向要由中間往外。用相同的方法繡出兩片即可。

梅花 ◇

不畏寒冬、率先開花的春天使者。
將花瓣的正面和側面的模樣都呈現出來，
就不會顯得過於單調。

原寸圖案 • PAGE 227

使用的繡線	●8 ●676 ○819 ●3712 ○BLANC
使用的針法	裂線繡、鎖鏈繡、緞面繡、法國結粒繡、直針繡

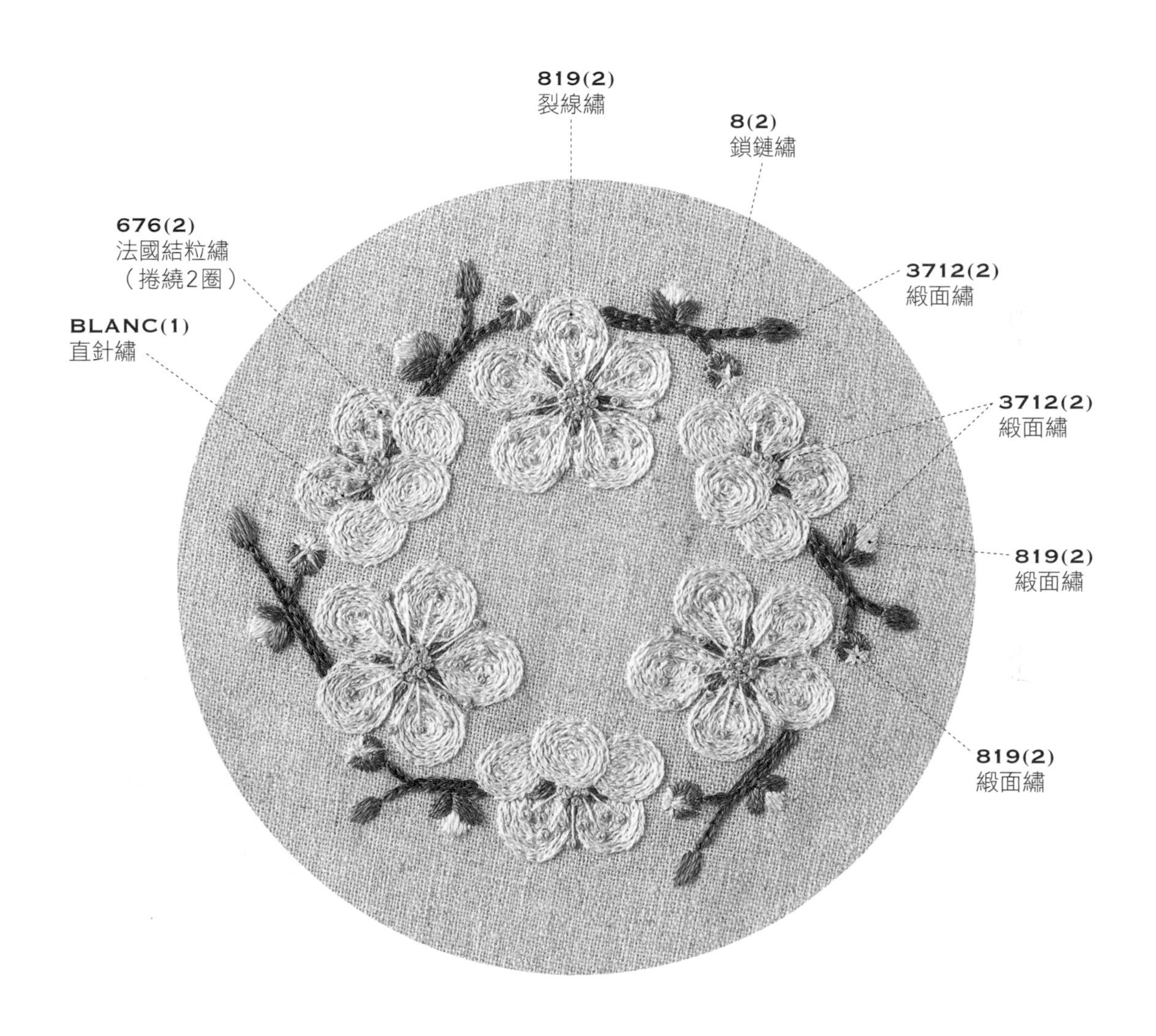

| 梅花的繡法 |

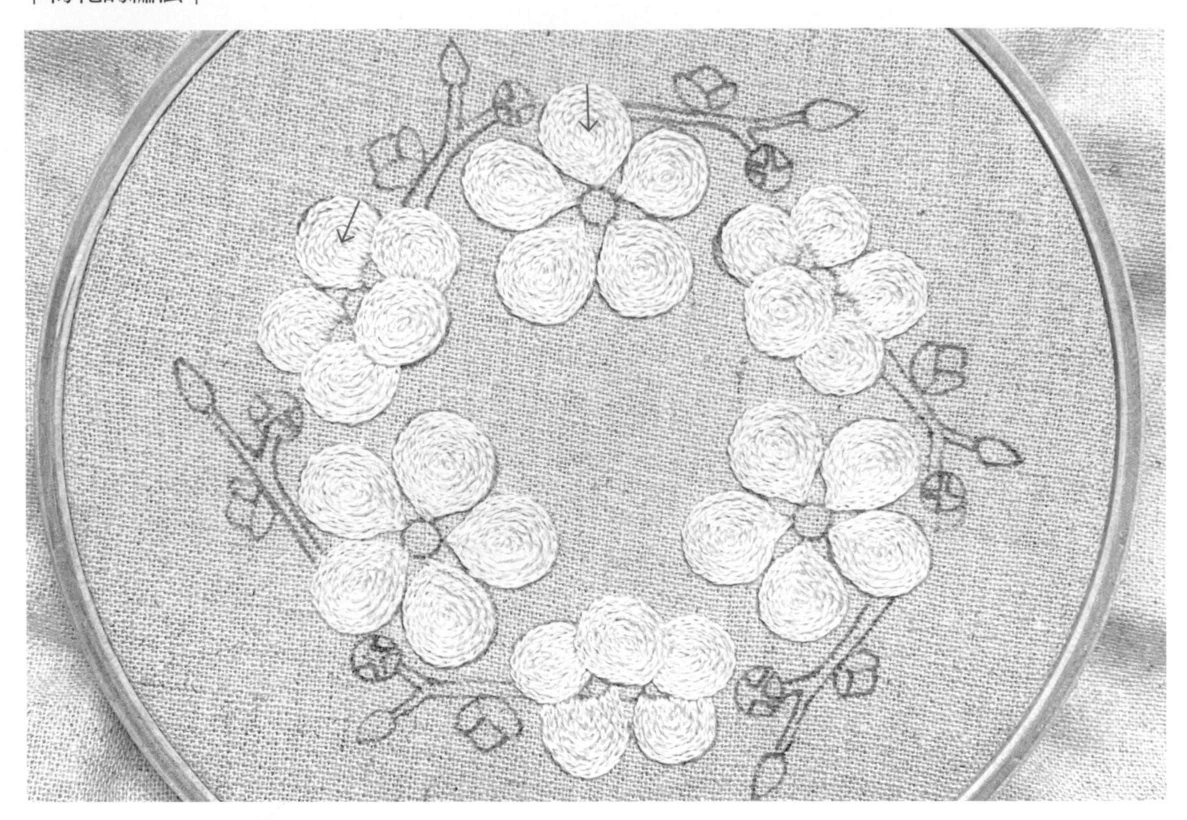

1 花瓣用裂線繡由外往內，一圈圈繡滿。

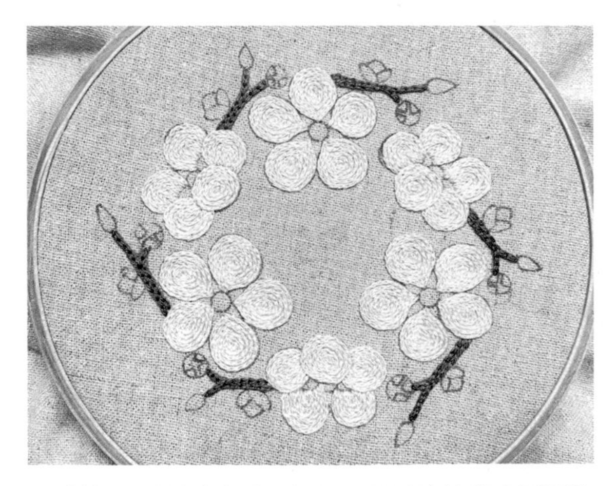

2 樹枝用鎖鏈繡來繡。樹枝與花瓣的接縫處要緊貼著繡在一起，中間不留空隙。

3 以緞面繡將花瓣與花瓣之間、花萼、花蕾繡滿。

4 用緞面繡繡出稍微開花的花苞。在繡的時候要多加留意花苞與花萼間的分界線。

5 用捲繞二圈的法國結粒繡來繡雄蕊；再用直針繡呈現花絲。

櫻花 ◇

一提到春天，第一時間會浮現在腦海裡的就是櫻花。
花很漂亮，但最可惜的是它凋零得太快了。
帶著想要長久觀賞的心情，一針一針完成它吧！

原寸圖案 • **PAGE 228**

使用的繡線	● 372 ● 676 ○ 819 ● 840 ● 3712
使用的針法	輪廓繡、緞面繡、雛菊＋直針繡②、直針繡、雛菊繡、法國結粒繡、單邊編織捲線繡2（環形）

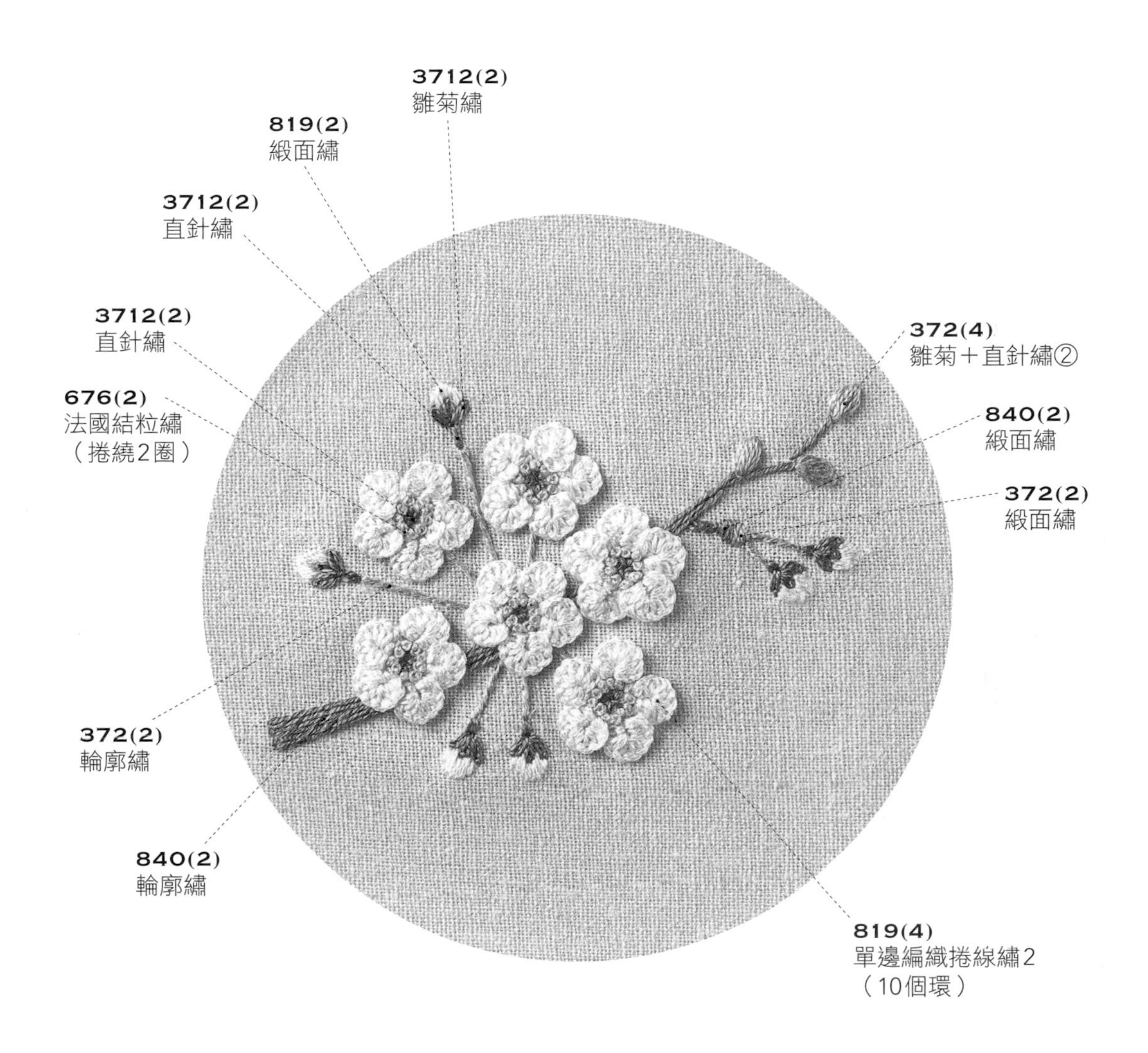

｜櫻花的繡法｜

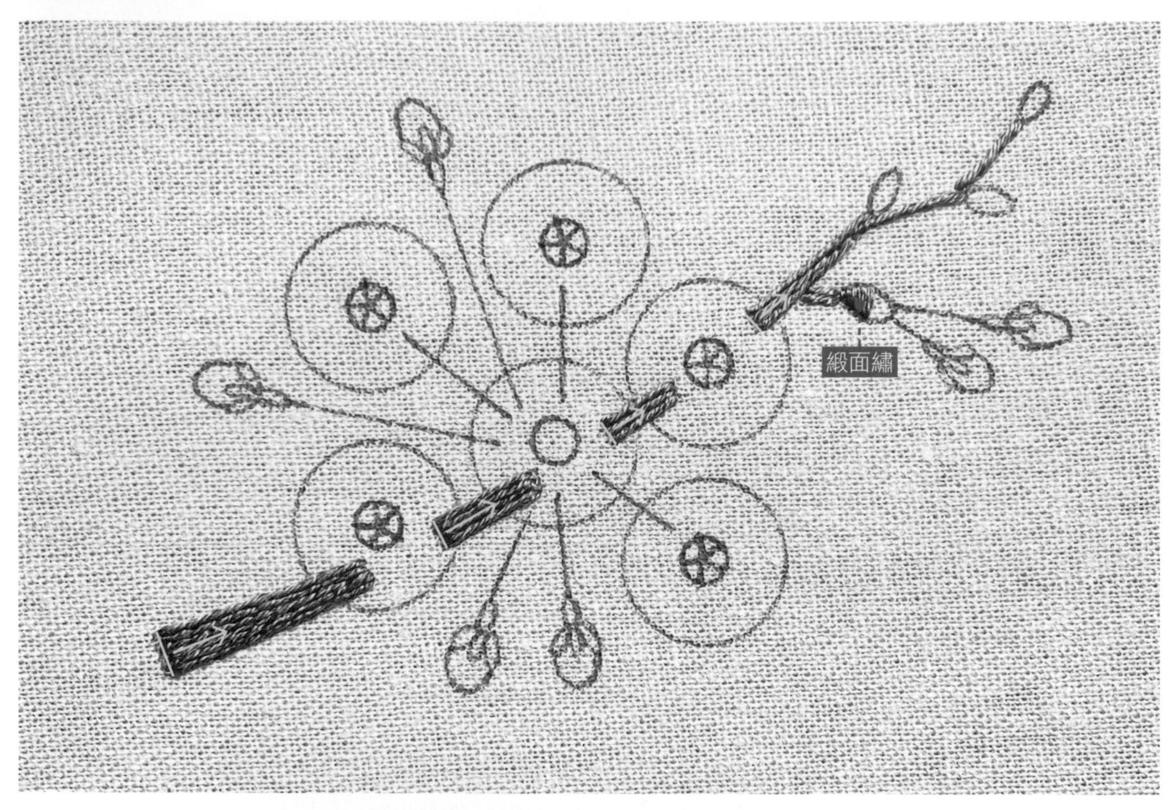

1 用輪廓繡以同方向繡出樹枝，過程中須保持相同的繡線纏繞紋路。繡到位於樹枝尾端的花梗時，改繡緞面繡。

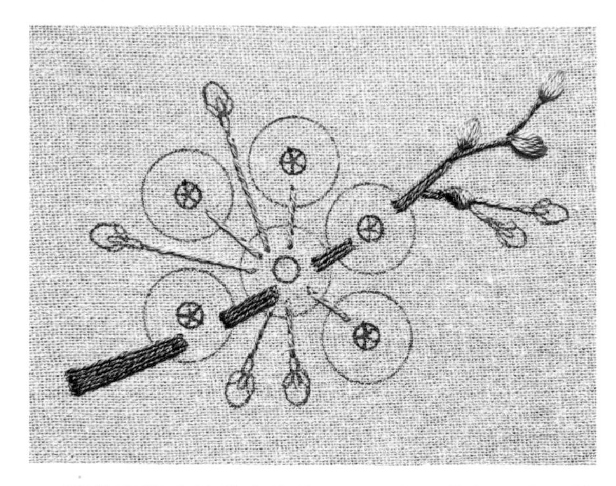

2 用輪廓繡來繡從中央往四周延伸的花梗。再用雛菊＋直針繡②來繡小花蕾，花蕾與枝條要緊貼地繡在一起、不留空隙。

3 花梗連接到花萼的地方皆繡上二條並排的直針繡。花萼用雛菊繡來繡；花苞用緞面繡填滿圖案，呈現圓鼓鼓的模樣。

4 在花瓣中央繡直針繡做出放射形，並在四周繡上捲繞二圈的法國結粒繡。最後，用環形的單邊編織捲線繡來繡花瓣。

小菊花 ◇

在爽朗的秋天，步道旁時常綻放可愛的粉色小菊。
小菊花層層疊疊的小巧花瓣，
只要用玫瑰花形鎖鏈繡就能如實呈現。

原寸圖案・**PAGE 228**

使用的繡線	● 23 ● 151 ● 895 ● 987 ● 3053 ● 3733
使用的針法	鎖鏈繡、輪廓繡、玫瑰花形鎖鏈繡、法國結粒繡

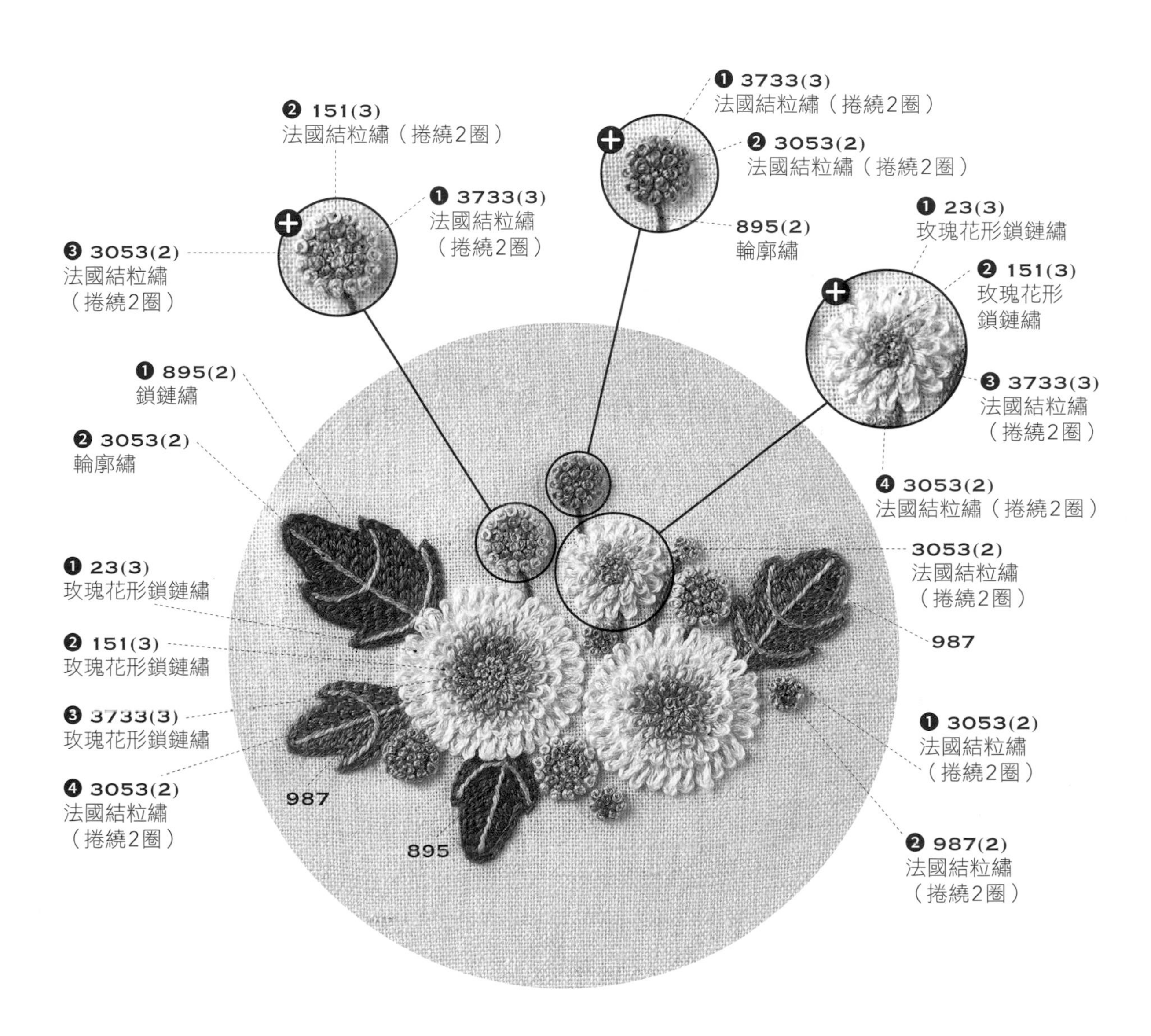

| 小菊花的繡法 |

1 先用鎖鏈繡把葉片輪廓繡好，然後將葉片一分為二，順著葉脈走向繡一條條的鎖鏈繡填滿。

TIP | 可以先畫出葉脈的輔助線，這樣繡的時候就會方便許多，也能繡得整齊漂亮。

2 用熱消筆（或水消筆）在葉片上描繪出葉脈紋路後繡上輪廓繡。

3 花瓣用玫瑰花形鎖鏈繡從最外圍開始，繡成一層層的圓形。每一層要稍微與上一層重疊。

4 為了讓花瓣呈現出漸層色，內層的線要使用較深的顏色。

5 用捲繞二圈的法國結粒繡來繡花朵中央的雄蕊，以及位於大朵花四周的小花蕾。

6 最後用輪廓繡繡出藏在花朵和花朵之間的莖。

Red

◇

山茶花／大花馬齒莧

虞美人／康乃馨

#4

紅色花卉

山茶花 ◇

紅色花瓣與綠色葉片形成強烈對比，
散發出大器而華麗的氛圍。
也可以利用不同色線來強調花瓣和葉片。
雄蕊用珠子點綴，增添亮晶晶的效果。

原寸圖案・**PAGE 229**

使用的繡線

山茶花	347、349、500、520、644、3363、3364、991B（Appletons羊毛線）
山茶花之丘	326、347、349、500、520、601、602、644、818、3363、3364、3713、3865、BLANC、991B（Appletons羊毛線）
其他材料	2mm 六角珠（黃色）

使用的針法

山茶花	鎖鏈繡、緞面繡、珠繡、輪廓繡
山茶花之丘	鎖鏈繡、緞面繡、珠繡、輪廓繡

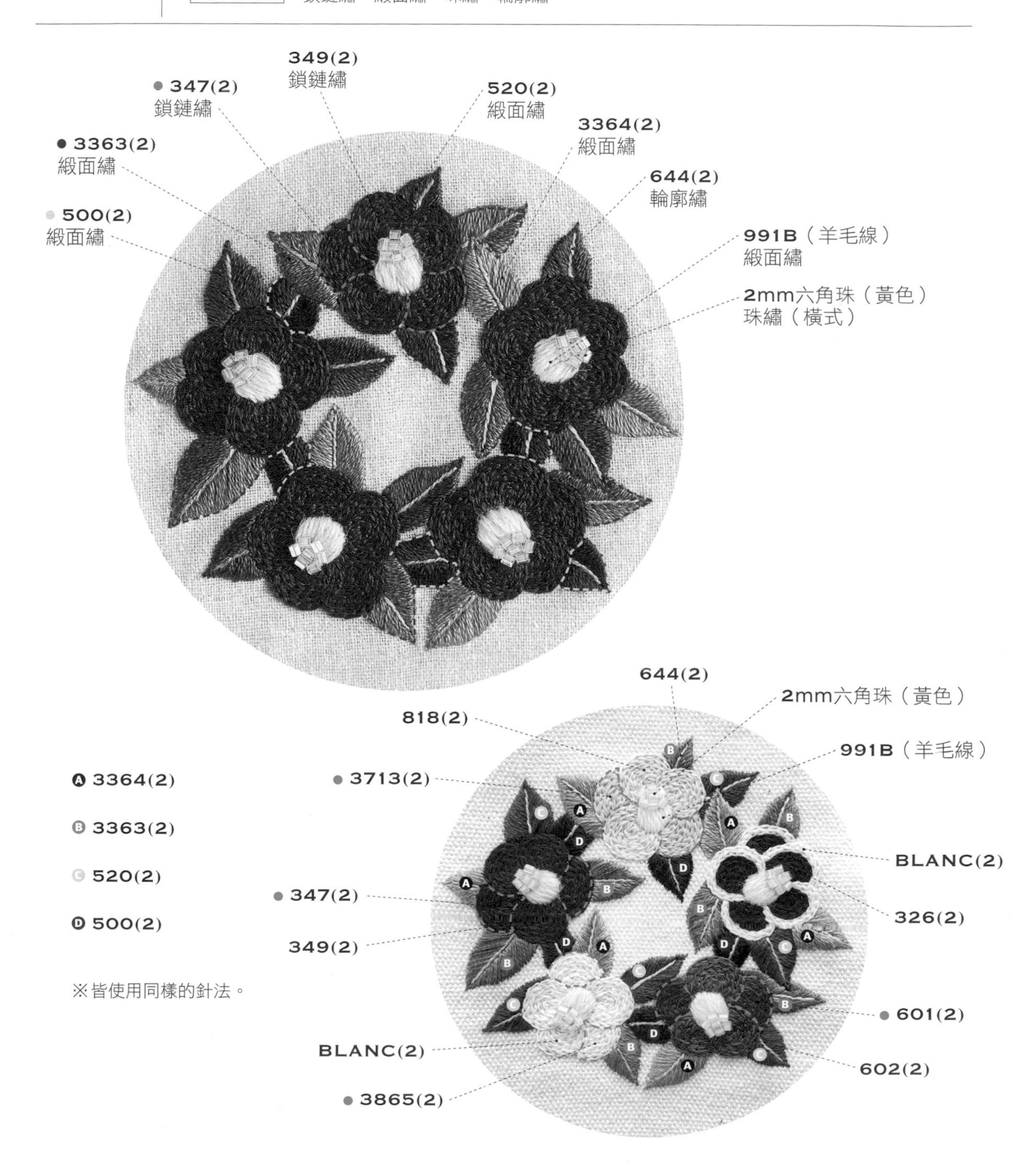

※皆使用同樣的針法。

|山茶花的繡法|

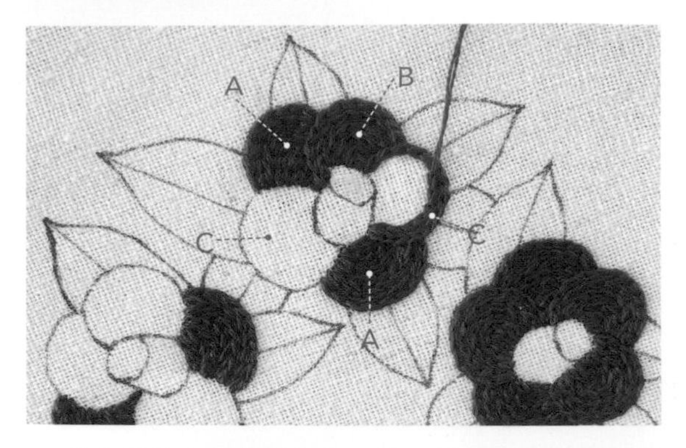

1 從位於後方的花瓣開始一瓣一瓣的繡，用鎖鏈繡依A→B→C的順序繡。

2 花瓣中央的花絲用緞面繡來繡，必須緊密地繡在一起、中間不留空隙。

3 在花絲的頂端以橫式珠繡繡上六顆珠子，然後再多繡一顆在它們的正中間，完成花朵的部分。

TIP｜若沒有珠子，可以用3股黃色繡線繡出較厚的捲繞二圈的法國結粒繡來取代。

4 以葉脈為中心，將每片葉片分成一半、分開繡緞面繡。

TIP｜葉片會以不同顏色來呈現，可以事先將相同顏色的葉片標示出來，在繡的時候就不會搞混。

5 最後用輪廓繡繡出細的葉脈。

| 圖案應用：山茶花之丘 |

繡法同山茶花繡法的**步驟1～5**。在繡同時帶有白色和紅色花瓣的花朵時，先在最外圍繡二排白色鎖鏈繡，然後內層再用紅色鎖鏈繡填滿。

TIP | 由於會使用到許多顏色的繡線，請先確認圖案後再動手繡。

大花馬齒莧 ◇

小時候經常在路邊遇見這種花，
但現在不太容易看見了，所以每次見到我都無比開心。
如果仔細觀察就會發現，中央有個很漂亮的星星形狀。

原寸圖案・PAGE 230

使用的繡線	● 304 ○ 746 ● 783 ● 3362 ● 3363 ● 3364 ● 3880
使用的針法	裂線繡、緞面繡、直針繡、法國結粒繡

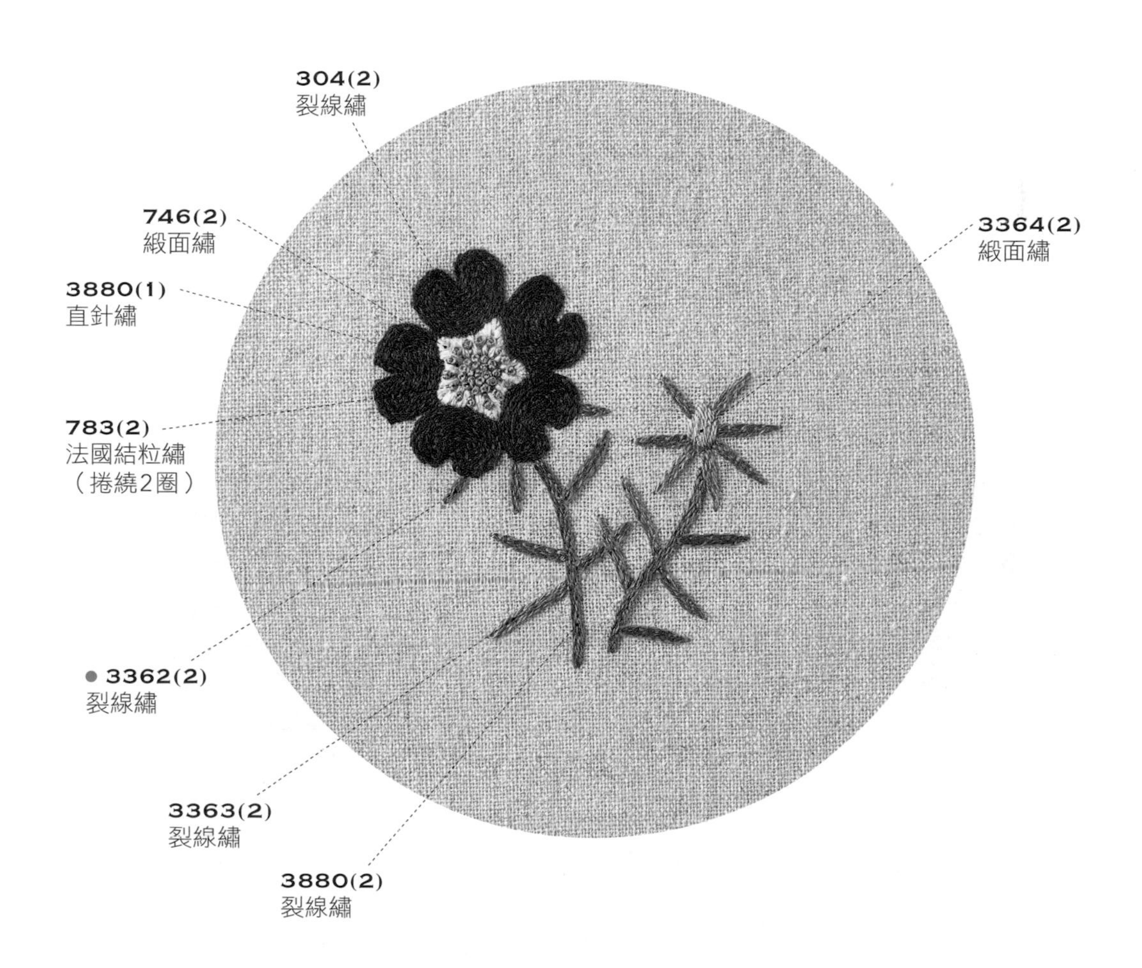

| 大花馬齒莧的繡法 |

1 用裂線繡來繡莖。

2 用緞面繡整整齊齊地繡出花蕾。

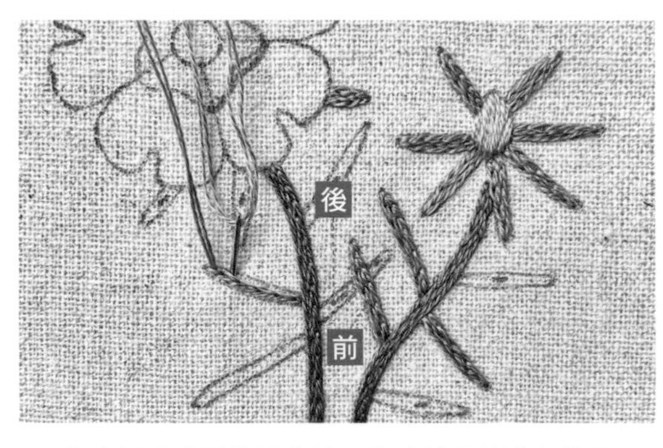

3 葉片部分用裂線繡來繡，先繡前面的淺色葉子。

TIP | 可以事先將不同顏色的前後葉片標示出來，在繡的時候才不會搞混。

4 再繡其餘的後方葉子。

5 花瓣的外層紅色部分先用裂線繡繡出輪廓，再把圖案填滿。

6 花瓣的內層白色部分則用緞面繡填滿。

7 在步驟6繡好的緞面繡上，用筆標示出花蕊的位置，然後從標示的點上出針並在花朵中央入針，用直針繡繡出花絲。

8 以法國結粒繡來繡出花絲的頂端以及花朵中央的花蕊。

9 完成大花馬齒莧。

虞美人 ◇

這是吹起暖風的五、六月時，可以在河邊看到的紅色花兒。
我將它繡成小花束的模樣，
花瓣中央還用珠子裝飾來增添特別的感覺。

原寸圖案・PAGE 231

使用的繡線	虞美人	● 6 ● 349 ● 3346 ● 3347 ● 356（Appletons羊毛線）
	其他材料	2mm 六角珠（黃色） ● 2mm 六角珠（青銅色）

使用的針法	輪廓繡、緞面繡、斯麥納繡3（重疊環形）、珠繡、直針繡、緞帶繡

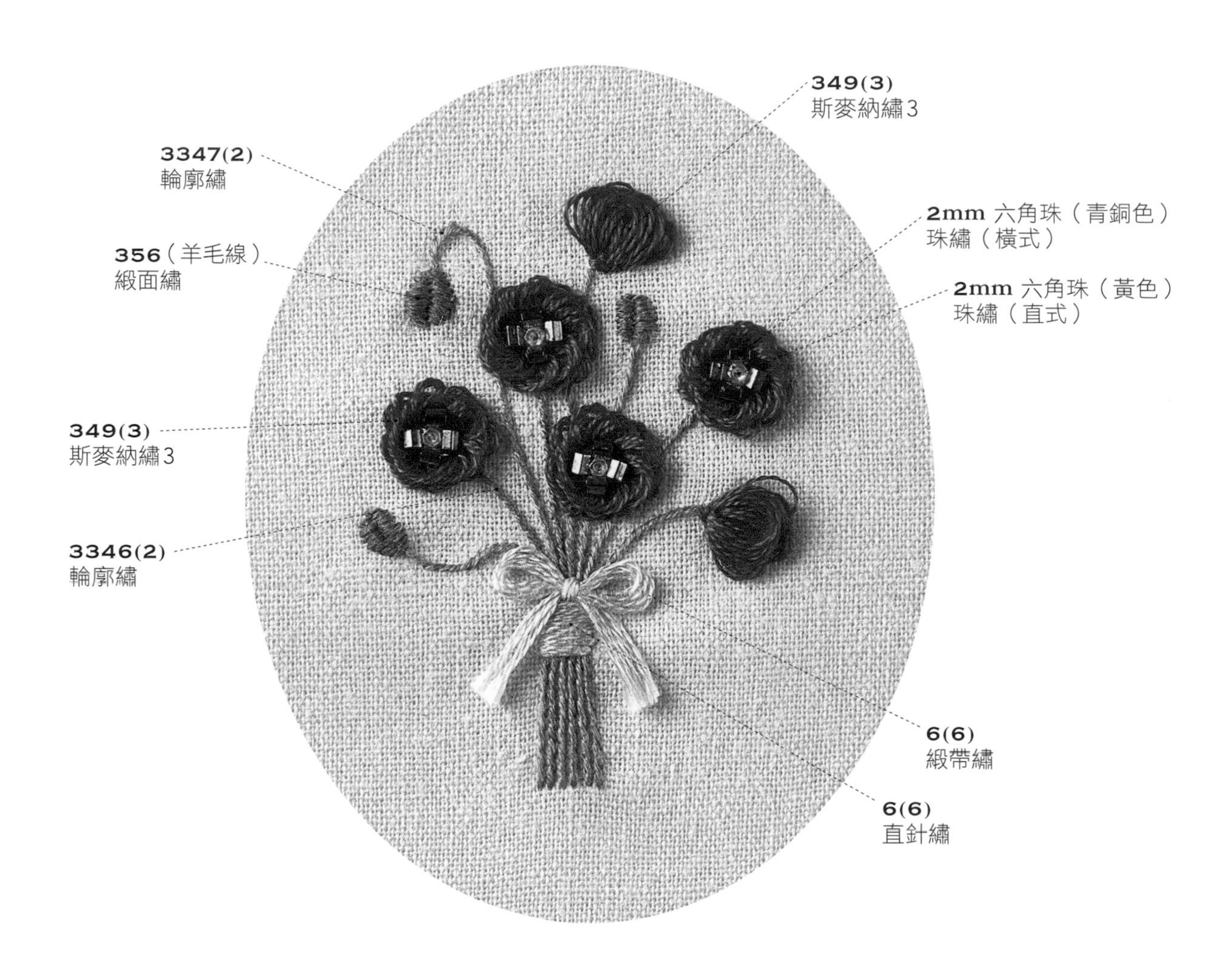

|虞美人的繡法|

1 用輪廓繡先繡與花蕾相連的莖；再用緞面繡來繡花蕾。

2 用輪廓繡來繡與花朵相連的莖；並用環形的斯麥納繡，繡出盛放的花朵。

3 在花瓣中央以橫式珠繡繡上四顆青銅色珠子。

4 在步驟3繡好的珠子正中間，繡一顆直式的黃色珠子。

5 在下方的莖上用直針繡繡出粗寬的花束綁繩，最後用緞帶繡製作一個蝴蝶結，即完成小花束。

康乃馨 ◇

帶著感謝的心，把不會凋謝的康乃馨送出去吧！
親手完成的刺繡品光是裝在繡框裡，
就是一份誠意十足的美麗禮物了。

原寸圖案 • **PAGE 231**

使用的繡線	● 225 ● 347 ● 349 ● 350 ● 351 ● 520 ○ 819 ● 3013 ● 3345 ● 3346 ● 3862 ● 3863 ● E436（DMC light effects線）
使用的針法	籃網繡、莖幹繡、緞面繡、雛菊繡、輪廓繡、回針繡、蛛網玫瑰繡、雛菊＋直針繡②、單邊編織捲線繡（1基本形・2環形）、編織葉形繡、斯麥納繡3（重疊環形）、法國結粒繡、直針繡、緞帶繡

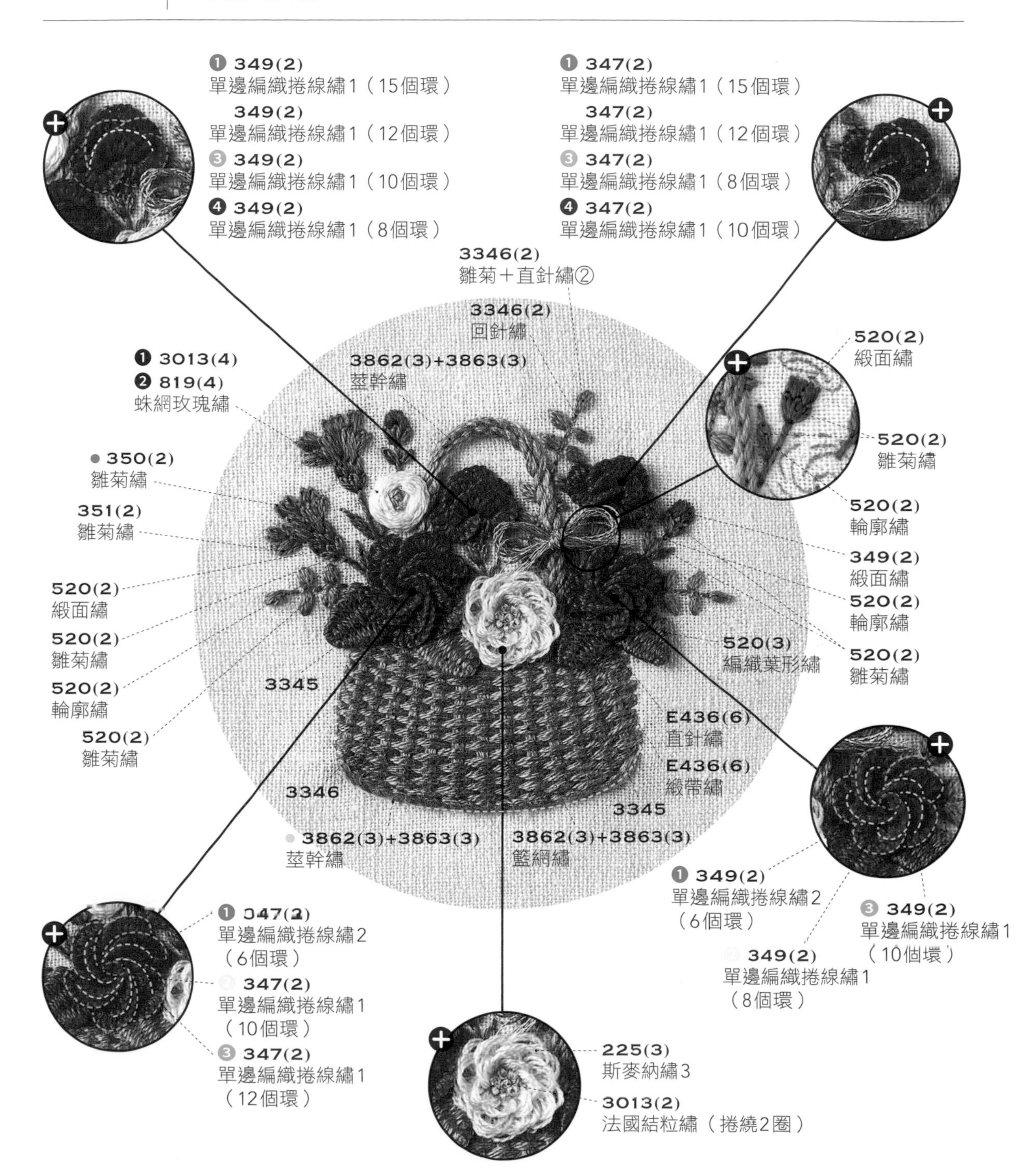

｜康乃馨的繡法｜

1 用籃網繡由上往下繡出籃子，穿線時記得要一上一下輪流交替。籃子的最下方一排及手提把則用莖幹繡來繡。

2 位於上半部的葉子和莖按照圖案一個一個繡。葉子要緊貼在莖的旁邊，並適時根據這些葉子的形狀來調整該繡的線長。

3 用緞面繡來繡兩側的紅色小花苞；位於前側的粉白色玫瑰用蛛網玫瑰繡來繡；左後側的康乃馨則用雛菊繡照著圖案填滿。

4 用編織葉形繡來繡跟籃子重疊的大片葉子。四朵盛開的康乃馨用單邊編織捲線繡來繡；繡側面的康乃馨（圖中上方兩朵）時，一律在標出藍點的地方出針，從下方開始一瓣一瓣往上繡。

5 繡正面康乃馨（下方兩朵）時，先在中心繡一個環形的單邊編織捲線繡(A)，再以基本形的單邊編織捲線繡做出第一層花瓣(B)，接著從第一層中間出針，接續繡第二層(C)。

6 中央的這朵花就用三排的重疊環形斯麥納繡來繡，內部則用法國結粒繡填滿。

7 在籃子的手提把上繡一針直針繡，再讓線從中穿過後，用緞帶繡製作蝴蝶結。

8 完成康乃馨花藍。

White

◇

鈴蘭／白三葉草

百合／蠟花

#5

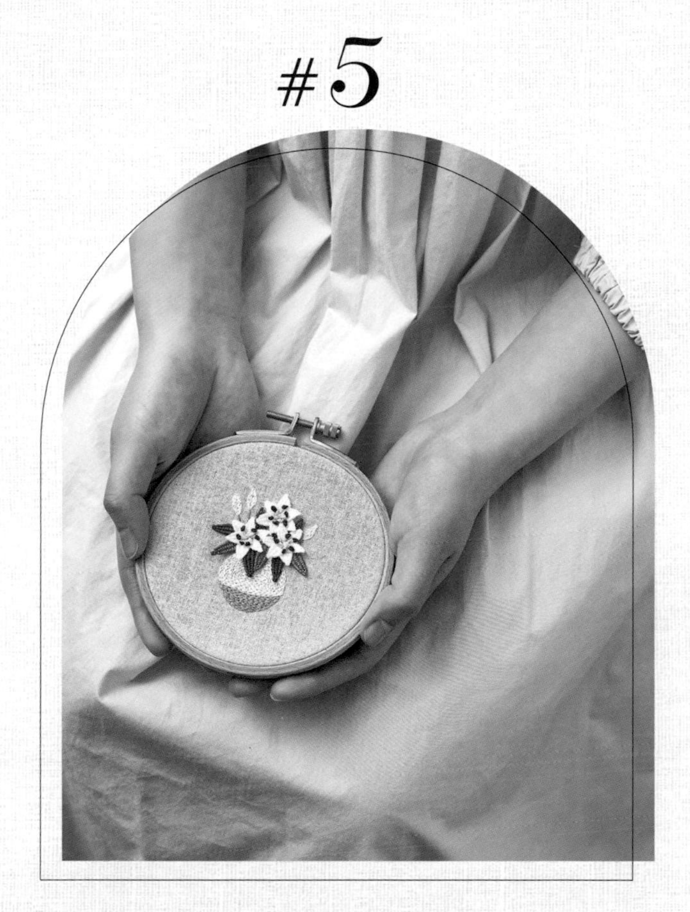

白色花卉

鈴蘭 ◇

鈴蘭是一月一日的生辰花，花語是「希望」。
寒冬中綻放於雪地裡的脫俗模樣，
讓它有個美麗的別名「雪降花（Snow drop）」。
從名稱到外貌都具有讓人深深著迷的清新魅力。

原寸圖案・PAGE 232

使用的繡線	● 319 ● 520 ● 3013 ● 3362 ● 3363 ● 3364 ● 3866 ○ BLANC ○ 991B（Appletons羊毛線）
使用的針法	莖幹繡、裂線繡、緞面繡、斯麥納繡1（基本形）、回針繡

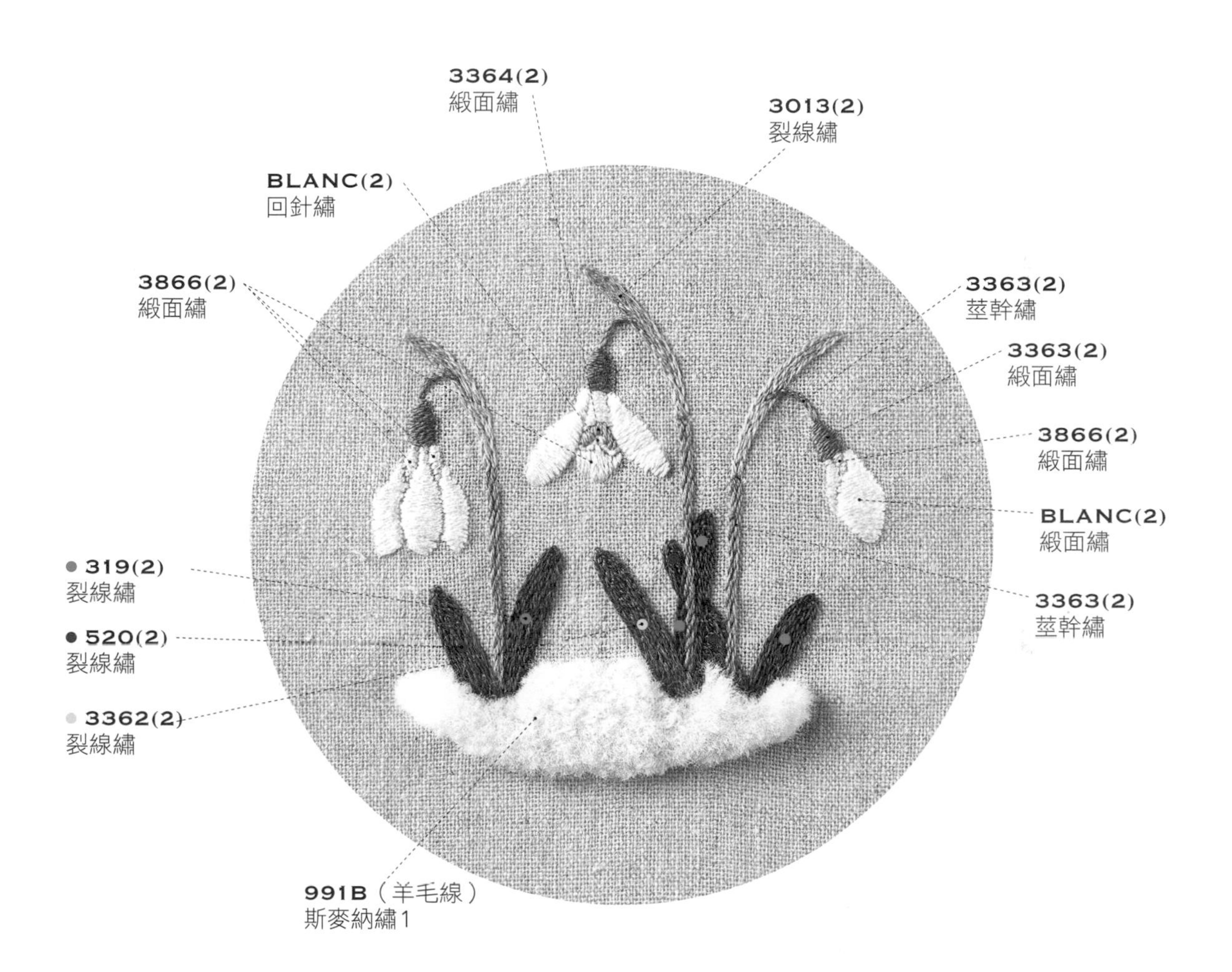

|鈴蘭的繡法|

1 花莖的下端用莖幹繡、上端用裂線繡來繡。

2 用緞面繡緊密地繡出鐘形的花萼；呈曲線下垂的花梗用莖幹繡來繡。

TIP | 彎曲的弧度以每針1～2mm的長度密實地繡在一起，看起來就會很自然。

3 白色花瓣用緞面繡從最寬的部分往最窄的部分繡。白色花瓣和淺綠色花瓣之間的分界線則繡上回針繡。

TIP | 在繡花瓣時，務必保持同一方向慢慢填滿，看起來才不會紊亂。

4 用裂線繡來繡葉子，呈現出細長的形狀。

TIP | 有葉子重疊時，請先繡前側的葉子。

5 為了表現出厚厚的一層積雪，這裡要使用2股991B的繡線。

6 在一端線不打結的狀態下，緊密地繡斯麥納繡。

TIP | 請避免線環的長度過長，約5～8mm即可。

7 填滿白雪的圖案後，將環剪斷、線整平即完成。

白三葉草 ◇

時常在公園或人行道上出現的三葉草，
有許多不同的品種，都是大家很熟悉的花朵。
這次透過刺繡，重現我兒時製作白三葉草花冠的回憶。

原寸圖案・**PAGE 233**

使用的繡線	● 890 ● 934 ● 986 ● 987 ● 3053 ● 3866 ○ BLANC
使用的針法	緞面繡、回針繡、直針繡、魚骨繡、莖幹繡、立體結粒繡

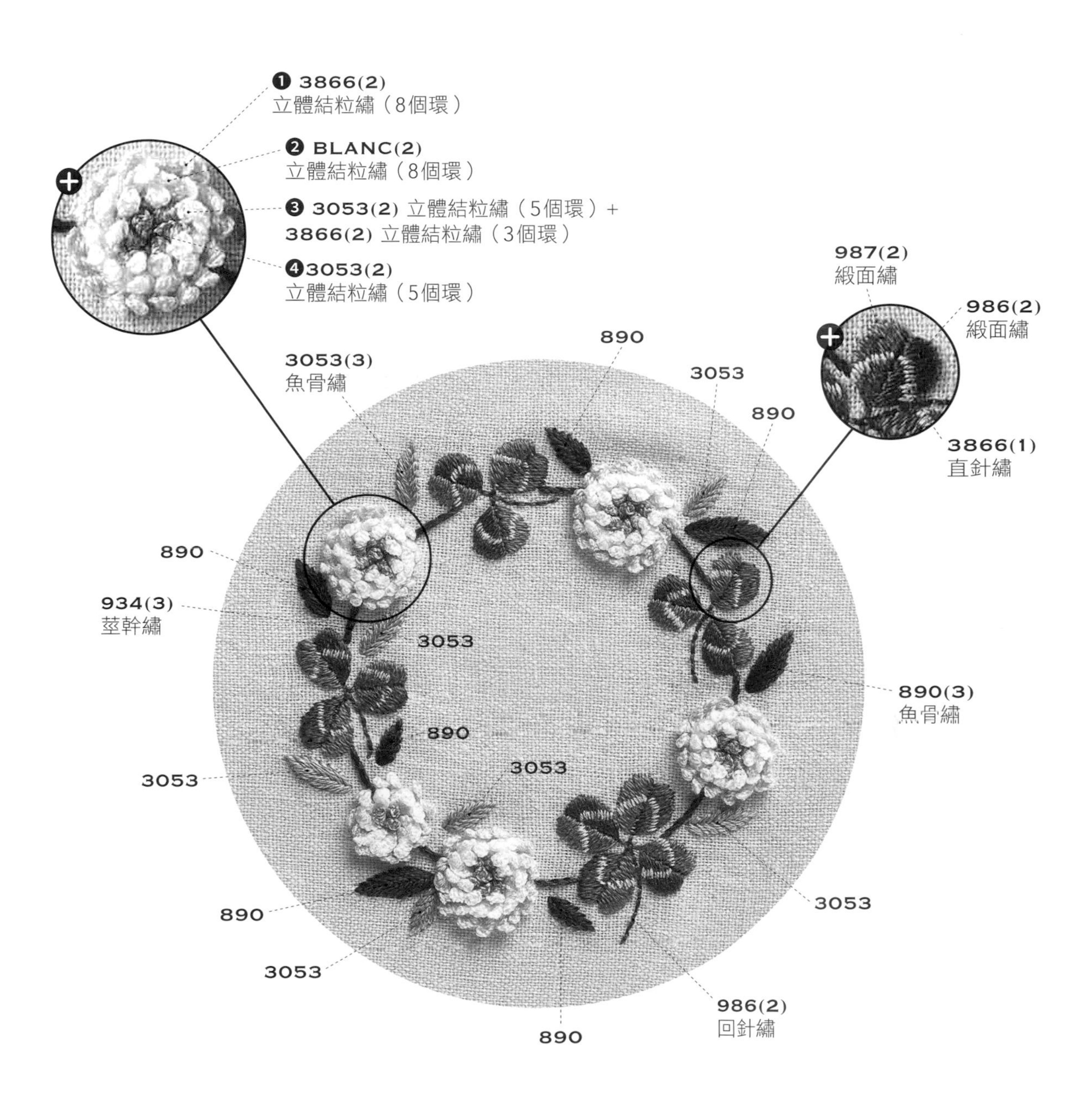

| 白三葉草的繡法 |

1 將三葉草的葉片一分為二。先將同一種顏色的部分用緞面繡繡好。

2 用另一種顏色繡好另一半邊的葉片。並用回針繡繡出葉的莖。

3 用熱消筆在葉片上描繪出葉脈紋路後，同緞面繡的方向、沿著畫好的線條繡上短的直針繡。

TIP | 在繡紋路時，要斟酌拉線的力道，避免拉太緊導致線消失在緞面繡裡。

4 其他葉子用魚骨繡來繡。較粗的莖則用莖幹繡來呈現曲線的形狀。

5 花瓣用立體結粒繡從最外圍開始一圈一圈往內繡。第一圈直接照著圖案繡，第二圈要緊貼著第一圈繡。

6 花瓣第三圈繡兩段立體結粒繡。先用3053號線繡五個環。

7 換上3866號線，把針從步驟6繡好的線環穿出布面，針線分離後再往上繡三個環。

8 這樣就能做出下面是淺綠色、上面是白色的兩段立體結粒繡。

9 花朵正中央用3053號線繡五個環的立體結粒繡，將圖案填滿即完成。

百合 ◇

光是看著就能感受到濃郁香氣的百合。
運用立體針法表現出花朵的豐碩飽滿感，
是繡出典雅百合的關鍵要點。

原寸圖案・PAGE 234

使用的繡線	10 ● 221 ● 520 772 ● 841 ● 3363 3866 ○ BLANC
使用的針法	鎖鏈繡、裂線繡、回針繡、編織葉形繡、立體結粒繡、輪廓繡

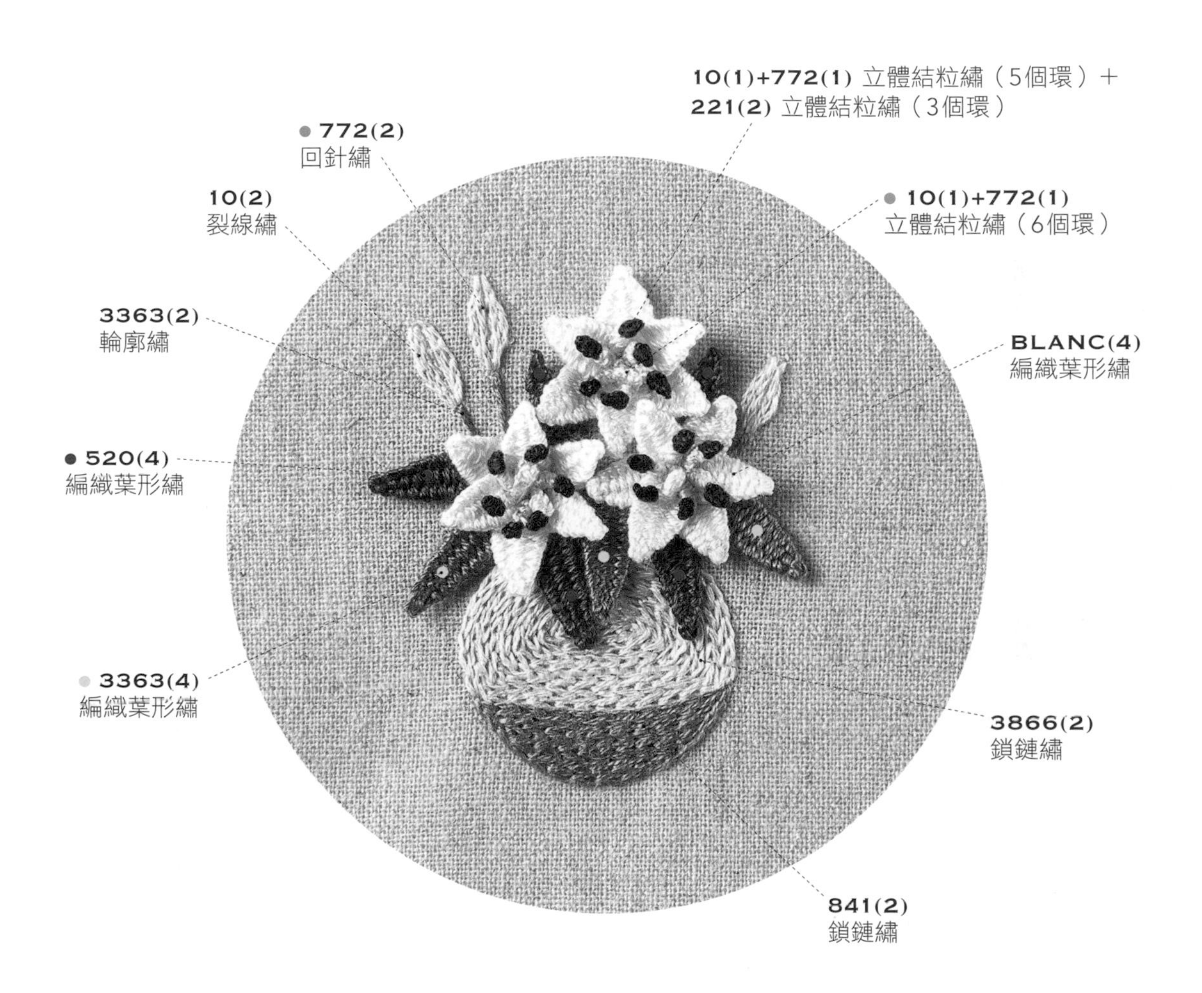

| 百合的繡法 |

1 花瓶用鎖鏈繡從外圍輪廓開始繡。白色部分一圈一圈填滿，褐色部分一排一排連著繡會比較順手。

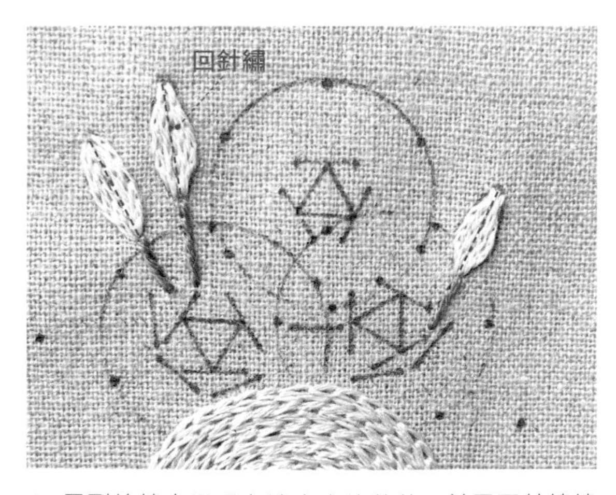

2 用裂線繡來呈現上端尖尖的花苞，並用回針繡繡出分界線。下方連接著的莖則繡輪廓繡。

3 再來繡花瓣。先用編織葉形繡繡出內側三瓣。繡外側三瓣時，要掀開內側花瓣繡在裡面，讓前後稍微交疊。

4 用兩段立體結粒繡沿著圓形繡出六個雄蕊，而位於正中央的雌蕊則用立體結粒繡來呈現。

5 最後用編織葉形繡繡出花朵間的葉子。

TIP | 請把花瓣掀開、用手壓住後再開始繡葉子。這時候請小心操作，別讓針破壞花瓣。

蠟花 ◇

蠟花的名字，來自其隱約的光澤和平滑質感。
開花後大大小小的可愛花瓣，看著就令人愉悅。
眼見花朵凋零的惋惜，也在刺繡過程中獲得紓解。

原寸圖案・**PAGE 235**

使用的繡線	● 471 ● 734 ● 746 ● 840 ● 841 ● 3362 ● 3363 ● 3778 ○ 3865
使用的針法	裂線繡、輪廓繡、緞面繡、法國結粒繡、單邊編織捲線繡2（環形）

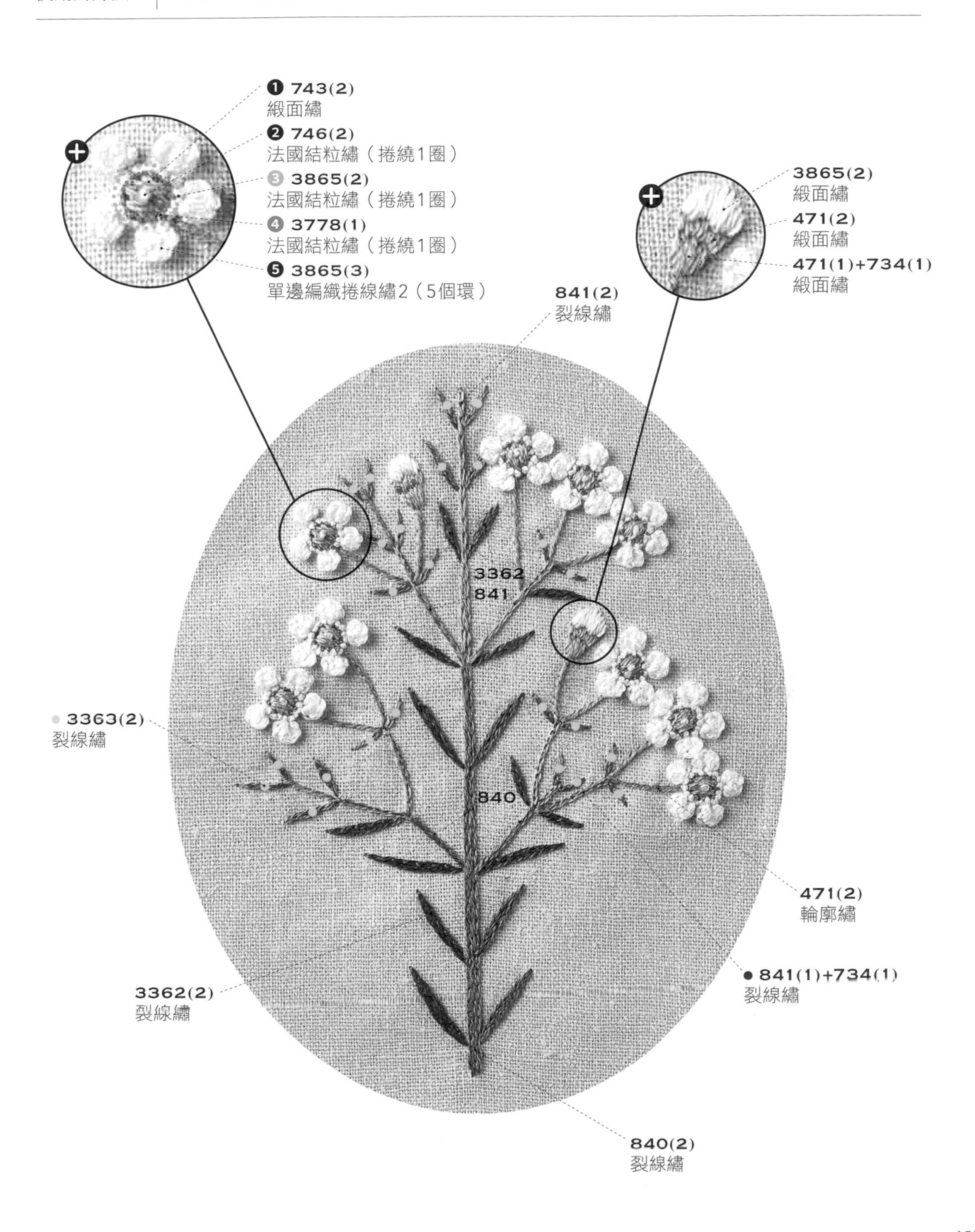

| 蠟花的繡法 |

1 中間粗大的枝幹和分出去的小枝幹用裂線繡由下往上繡。與花相連的莖用輪廓繡來繡。葉子則用裂線繡繡出尖尖的形狀。

TIP | 到了枝幹要換色線的地方，先往前一個針距入針收尾。

2 用緞面繡來繡花萼和花蕾。靠近分界線的地方不要留空隙，緊密地繡在一起。

3 花朵的中心部位用緞面繡來填滿，並在正中央繡捲繞一圈的法國結粒繡。

TIP | 繡法國結粒繡時，要是把線拉得太緊，捲繞的線可能會鬆脫。請輕輕拉線，讓結正好落在底下的緞面繡上即可。

4 在步驟3繡好的緞面繡旁邊，緊貼著繡一排密實的法國結粒繡。

5 在步驟3的緞面繡和步驟4的法國結粒繡中間，繡上固定間隔的小法國結粒繡。

TIP | 每隔二個先前繡的白色法國結粒繡，繡一個紅色的法國結粒繡，這樣就會整齊漂亮。

6 將花瓣的位置用熱消筆標示出來，然後繡環形的單邊編織捲線繡。

7 完成蠟花。

Special Color

◇

繽紛花盆／秋天的花推車

萬聖節南瓜／聖誕花束

#6

特別的色彩組合

繽紛花盆 ◇

將形態各異的四種花和白色花盆繡在一起，
看上去十分可愛。
可以試著換成別的顏色，
在收納包之類的物品上繡上自己喜歡的花。

原寸圖案・PAGE 236

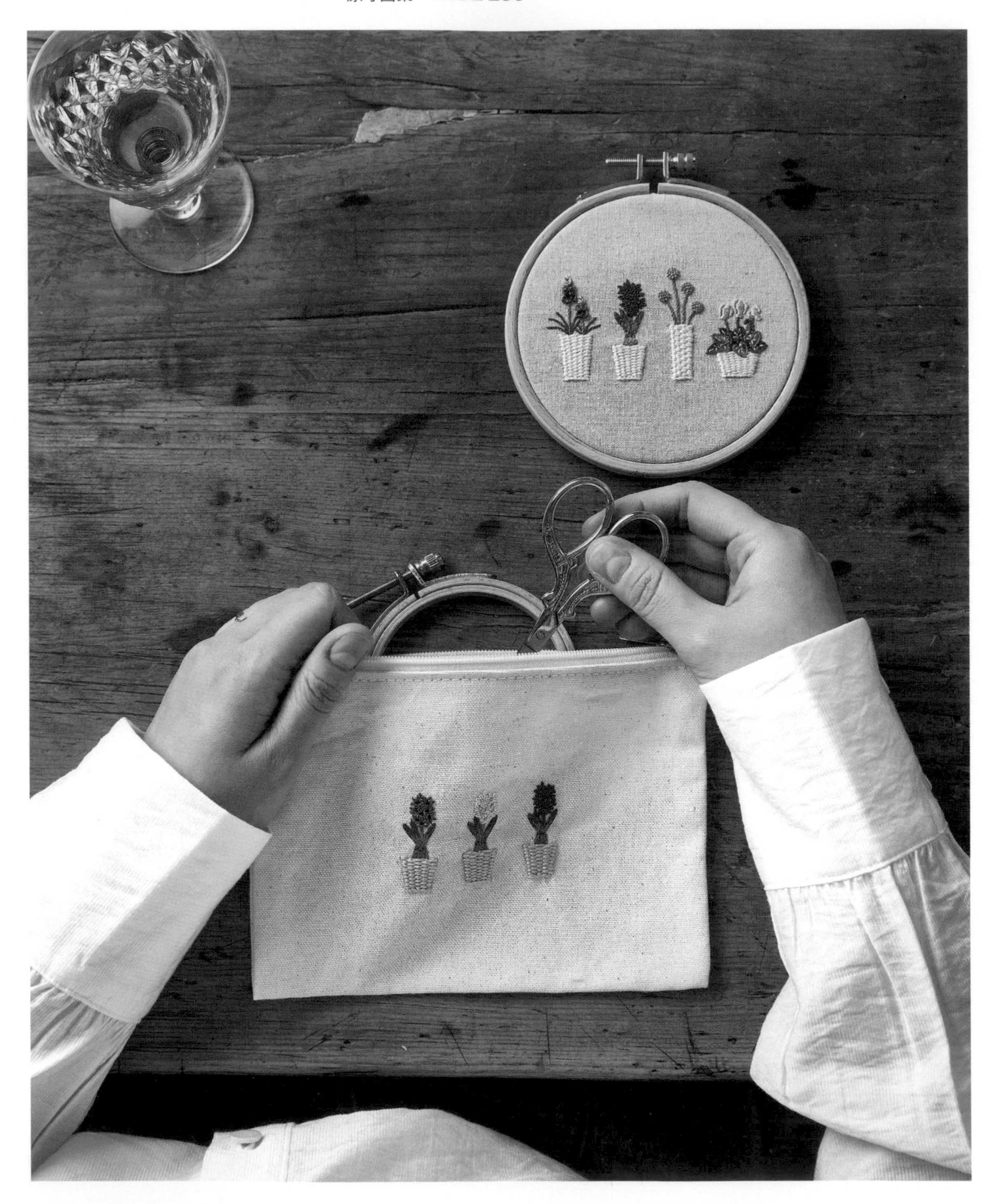

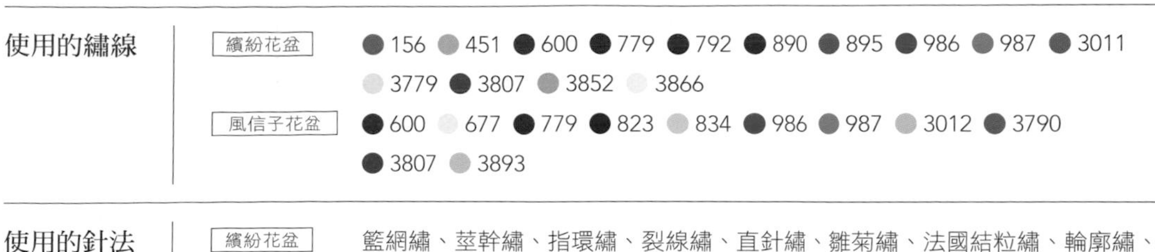

使用的繡線

繽紛花盆　156 451 600 779 792 890 895 986 987 3011 3779 3807 3852 3866

風信子花盆　600 677 779 823 834 986 987 3012 3790 3807 3893

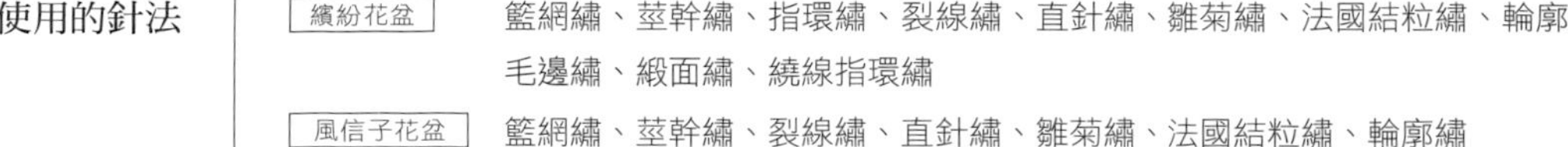

使用的針法

繽紛花盆　籃網繡、莖幹繡、指環繡、裂線繡、直針繡、雛菊繡、法國結粒繡、輪廓繡、毛邊繡、緞面繡、繞線指環繡

風信子花盆　籃網繡、莖幹繡、裂線繡、直針繡、雛菊繡、法國結粒繡、輪廓繡

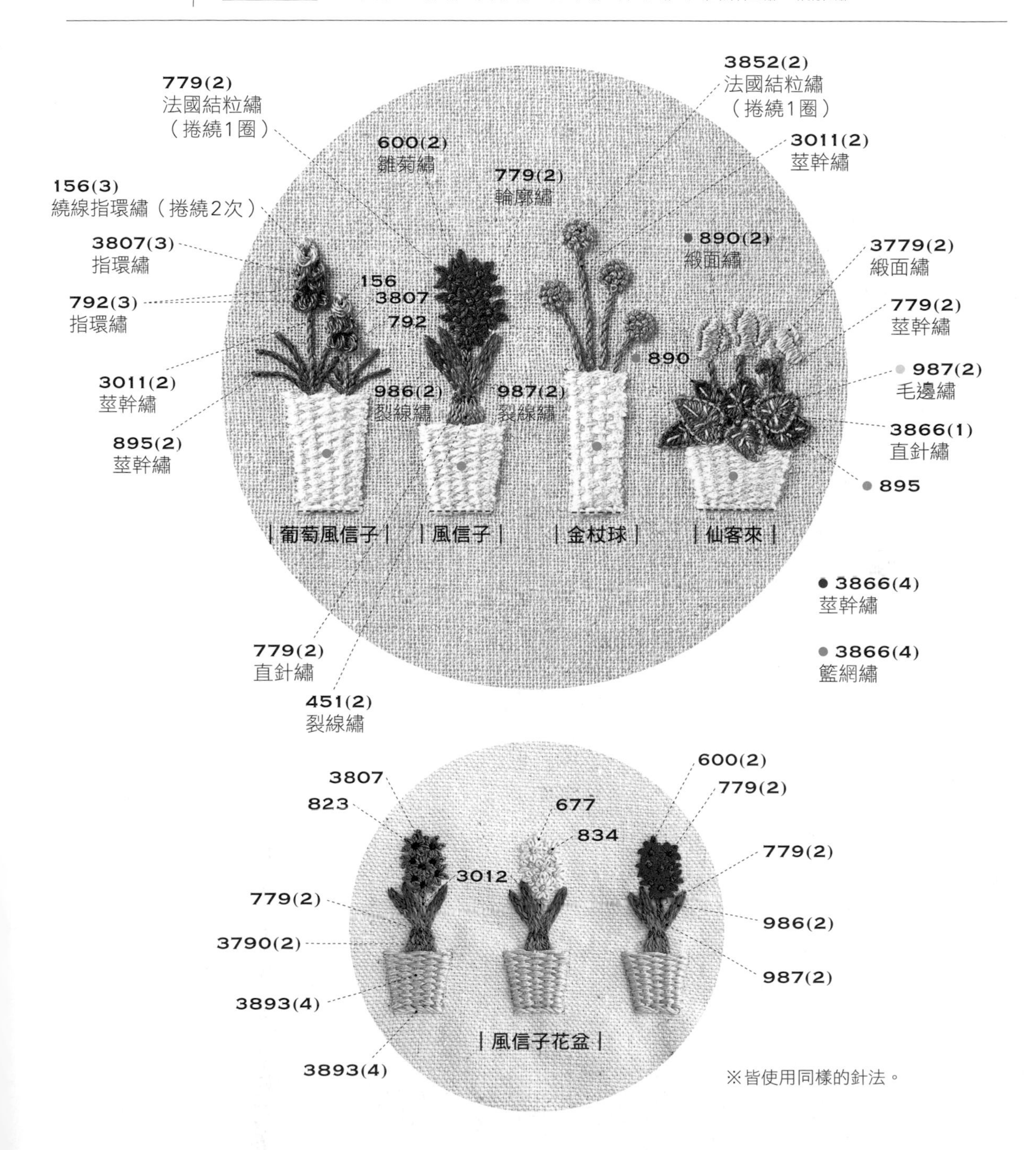

※皆使用同樣的針法。

| 繽紛花盆的繡法 |

1 用籃網繡由下往上繡。金杖球的花盆特別用每二排交替的方式繡，呈現跟其他花盆不同的質感。

TIP | 若統一方向來穿線，就會有稍微厚實的感覺。

2 緊貼著籃網繡的正下方繡莖幹繡。

3 用莖幹繡緊密地繡出葡萄風信子的莖和葉。花瓣用指環繡由下往上繡，頂端則繡捲繞二次的繞線指環繡。

4 風信子的葉片用裂線繡將兩種顏色自然地交織在一起。

5 風信子下方的根部用裂線繡、莖用輪廓繡來繡，根與莖葉連結的部分用直針繡來呈現。花的部分照圖案用雛菊繡跟法國結粒繡繡出來。

6 金杖球的莖用莖幹繡表現出它的曲線。用法國結粒繡沿著花朵的邊緣繡成圓形，再接著將圓的內部填滿。

7 仙客來的葉片用毛邊繡緊密地繡。葉片之間的空隙就用緞面繡補滿。最後再用直針繡來呈現葉片脈紋。

8 仙客來的花用緞面繡、莖用莖幹繡繡出來。

TIP | 可以事先用熱消筆畫線，標示出莖和葉重疊的部分，繡起來會順手許多。

| 圖案應用：風信子花盆 |

請參考繽紛花盆繡法的**步驟**1～2、4～5來操作。花盆用籃網繡由下往上繡，最底部用莖幹繡收尾。在繡根部和葉片時，用兩種顏色做出漸層感，然後再依序將莖和花瓣繡好。

TIP | 在半成品上刺繡的方法請參考第27頁。

秋天的花推車 ◇

我用能讓人聯想到秋天楓葉的色系來繡花車。
即使是用相同的針法，
也能繡出帶有不同感覺的各式花瓣。

原寸圖案・PAGE 236

使用的繡線	
秋天的花推車	●154 ●437 ●610 ●738 ●739 ●816 ●920 ●921 ●922 ●3011 ●3031 ●3853 ●3857 ●3862
春天的花推車	●33 ●210 ●754 ○819 ●839 ●987 ●3031 ●3347 ●3348 ●3854 ●3863 ○BLANC

使用的針法　回針繡、籃網繡、毛邊指環繡、莖幹繡、緞面繡、輪廓繡、雛菊＋直針繡②、捲線繡（1基本形・2環形）、法國結粒繡

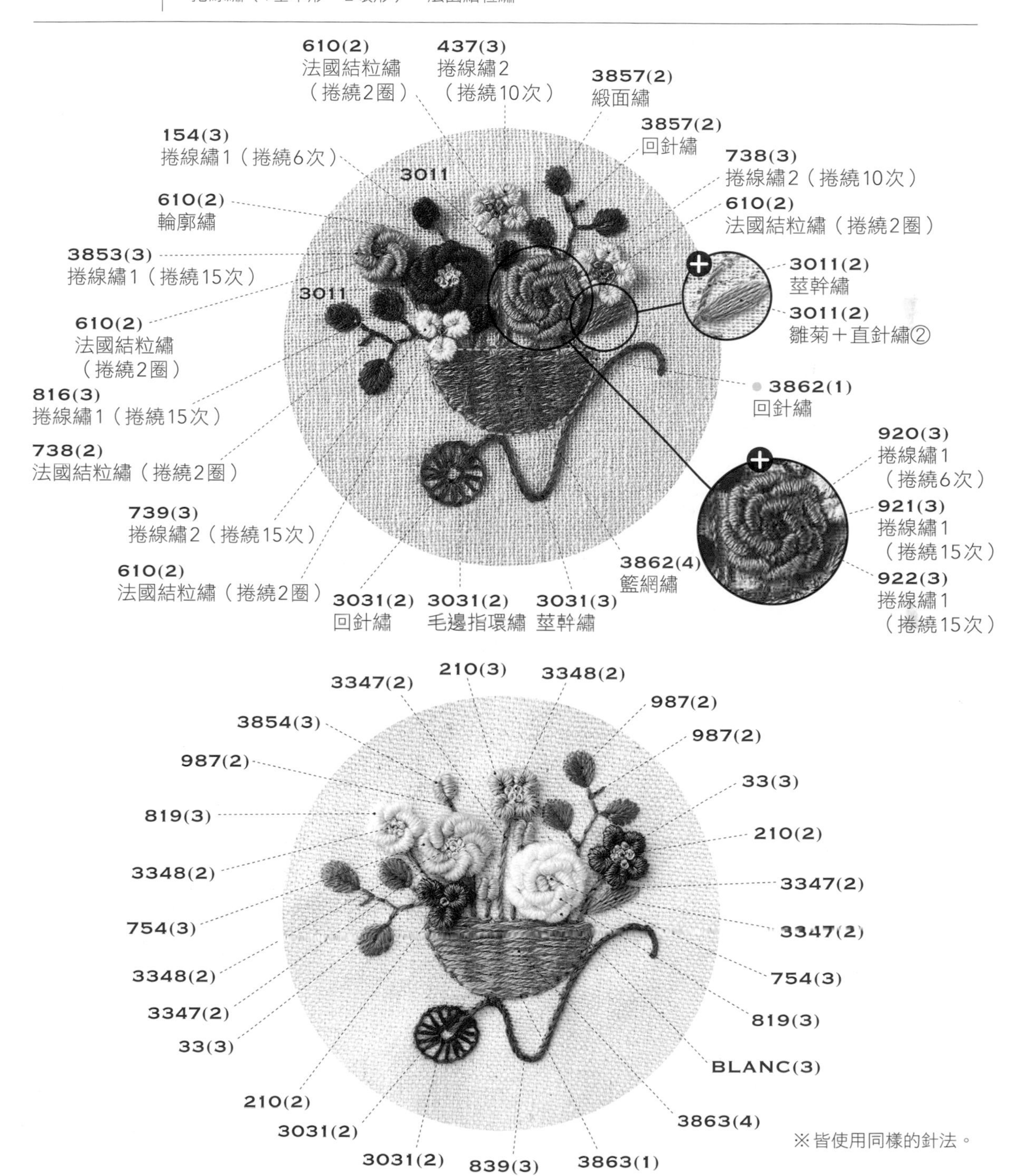

※皆使用同樣的針法。

| 秋天花推車的繡法 |

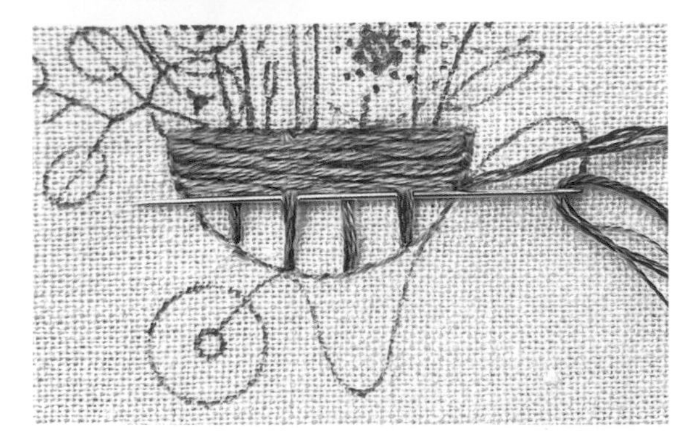

1 先用回針繡繡花車邊緣，花車內部則繡籃網繡。

TIP | 在繡半月形的推車時，從最上方開始逐步填滿會比較順手。

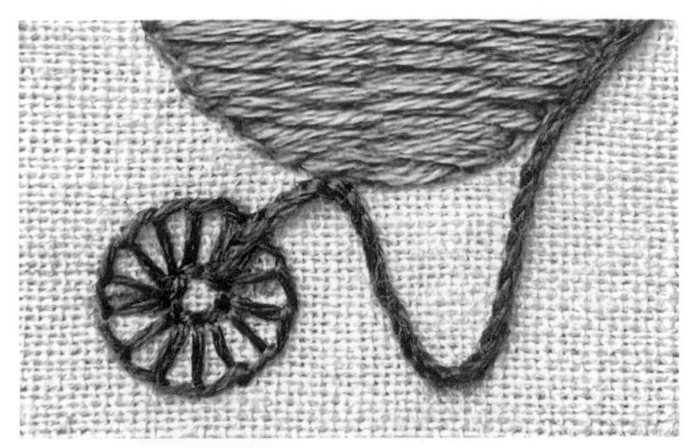

2 接著用毛邊指環繡繡出輪胎，正中間的小圓用回針繡來繡。與輪胎相連接的扶手則用莖幹繡表現其彎曲的曲線。

3 用回針繡繡出細薄的枝條。葉子用緞面繡繡成圓鼓鼓的形狀。

4 花苞的莖用輪廓繡、花朵的莖用莖幹繡緊密地繡。葉子用雛菊＋直針繡②做出尖尖的形狀。花苞部分則繡二個並排的捲線繡。

5 再來是繡出各色花朵。黃色系花朵依照花瓣數量繡出環形的捲線繡，並用法國結粒繡來繡位於中央的雄蕊。

6 接著繡紅色和淺橘色花朵。用捲線繡來繡出以螺旋狀相連的一片片花瓣，並用法國結粒繡來繡位於中央的雄蕊。

7 繡最大的深橘色花朵時，先在中間繡出二個並排的捲線繡，接著圍繞著它繡出一條條的捲線繡花瓣，共繡兩圈，第一圈五條、第二圈八條。

TIP | 為了用相同的間隔來繡花瓣，第二圈共分成八格。從上方端點(A)出針後在右方的(B)入針，用這樣的方式讓捲線繡一條接著一條繡下去。

8 完成秋天的花推車。

| 圖案應用：春天的花推車 |

繡法同秋天花推車繡法的**步驟**1～8。只需更換不同顏色的繡線即可。

TIP | 若整張繡圖統統都是同樣色調（明度＋彩度），看起來就會比較平淡、沒什麼特色。這時只要增加色彩的強弱，像是在大面積上使用明度高、彩度低的淺色系，偶爾在中間穿插明度中等、彩度高的顏色，就能製作出毫不乏味的作品。不過，也可以按照各自喜好，把所有顏色都替換成相近的色調，讓圖案有隱隱約約的色彩變化，也是另一種氛圍。

萬聖節南瓜 ◇

試著像是把萬聖節南瓜當作插花的花瓶，
繡出花草盛放的豐盈感吧！
只要適當地利用幾個立體針法，
就能完成一個華麗的花草刺繡作品。

原寸圖案・PAGE 237

使用的繡線	● 22 ● 29 ● 154 ● 610 ● 437 ● 738 ● 739 ● 816 ● 902 ● 920 ● 921 ● 922 ● 935 ● 3011 ● 3031 ● 3781 ● 3853 ● 3857
使用的針法	裂線繡、鎖鏈繡、斯麥納繡（2環形・3重疊環形）、法國結粒繡、立體結粒繡、緞面繡、單邊編織捲線繡2（環形）、輪廓繡、回針繡、雛菊繡、雛菊＋直針繡①、魚骨繡、飛鳥葉形繡、直針繡、編織葉形繡、蛛網玫瑰繡

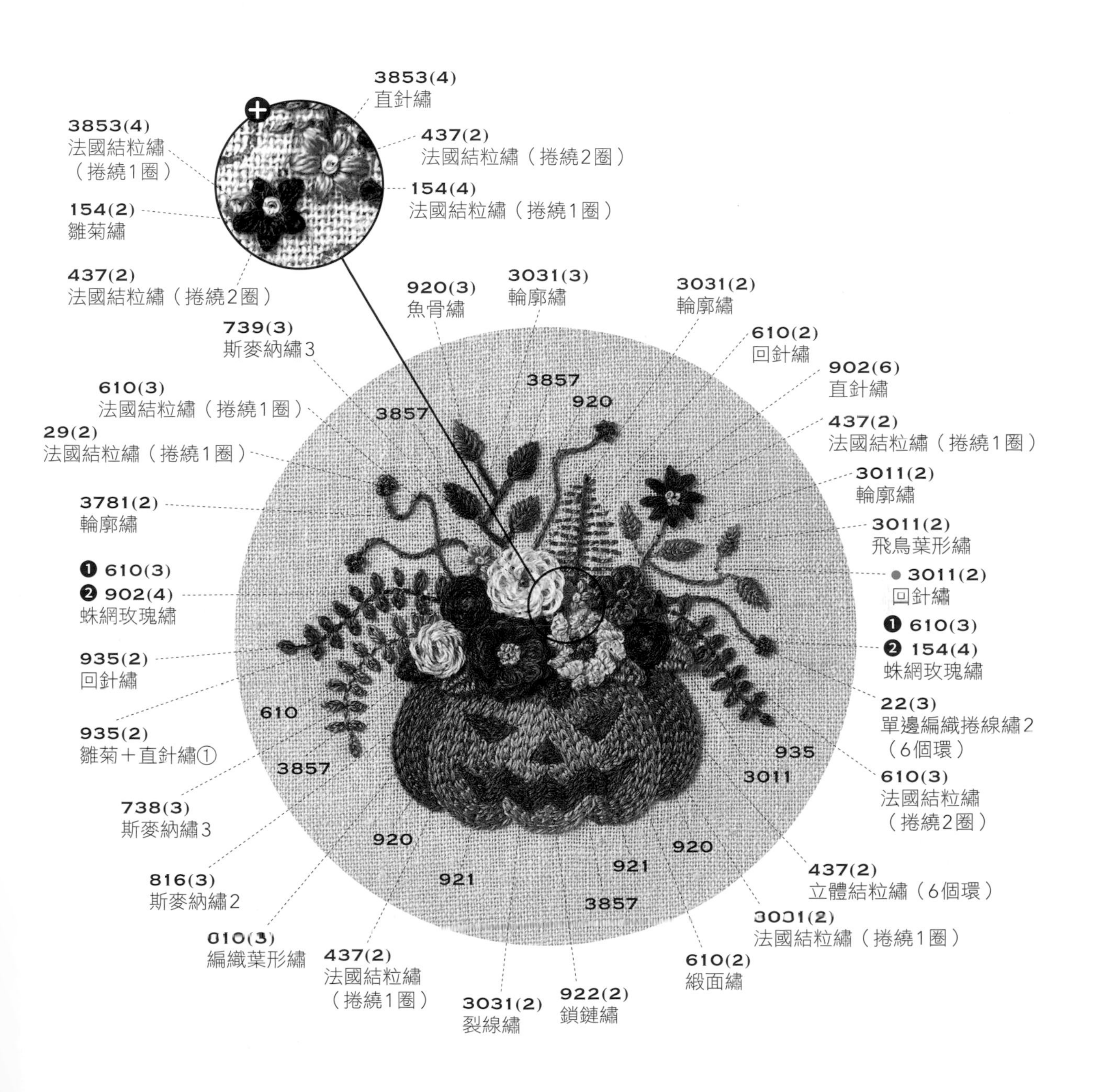

｜萬聖節南瓜的繡法｜

1 南瓜的眼、鼻、嘴先用裂線繡繡出邊緣，再把中間填滿。

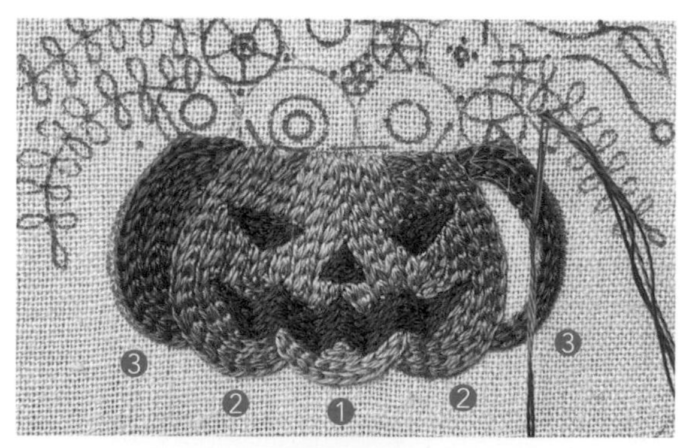

2 南瓜用鎖鏈繡從淺色的線開始，依序由中間往兩旁繡，填滿南瓜。

TIP｜繡到眼、鼻、嘴旁邊的時候，請斜斜地入針和出針，避免圖案交接處出現空隙。

3 除了得用立體針法來繡的花朵以外，依照針法標示，逐一繡好莖、葉，以及貼在布面上的花。

4 左邊的淺黃色花朵用重疊環形的斯麥納繡，從外往內繡出螺旋形花瓣（一定要確實繡到中心）。

5 紅色花朵用斯麥納繡由外往內一圈圈地繡。

6 再用法國結粒繡來繡紅色花朵中央的雄蕊。

7 右邊的淺黃色花朵用立體結粒繡來繡花瓣，然後用法國結粒繡和緞面繡做出雄蕊。

8 上面的紅花，就用四個環形的單邊編織捲線繡來繡出花瓣，並用法國結粒繡繡出雄蕊。

9 左上方的花朵用重疊環形的斯麥納繡來繡花瓣，越靠近中心，線環的長度越短。最後再用法國結粒繡繡出中央的雄蕊。

聖誕花束 ◇

綠色葉子、紅色玫瑰以及白色棉花，
只用這三種元素，就能組成充滿聖誕氛圍的花草刺繡。
在繡框上綁繩子，還能當作聖誕樹上的裝飾喔！

原寸圖案・**PAGE 238**

使用的繡線	聖誕花束	●8 ●890 ●895 ●816（DMC 5號繡線） ●E3821（DMC light effects線） ○991B（Appletons羊毛線）
	聖誕樹	●8 ●839 ●890 ●895 ●816（DMC 5號繡線） ●E3821（DMC light effects線） ○991B（Appletons羊毛線）
	聖誕花環	●500 ●801 ●816 ●839 ●934 ●935 ●3862 ○991B（Appletons羊毛線）
使用的針法	聖誕花束	直針繡、雛菊＋直針繡①、輪廓繡、雛菊繡、法國結粒繡、蛛網玫瑰繡、繞線指環繡
	聖誕樹	直針繡、雛菊＋直針繡①、輪廓繡、雛菊繡、法國結粒繡、蛛網玫瑰繡、繞線指環繡、 鎖鏈繡
	聖誕花環	法國結粒繡、回針繡、緞面繡、直針繡、雛菊繡、輪廓繡、蛛網玫瑰繡、繞線指環繡

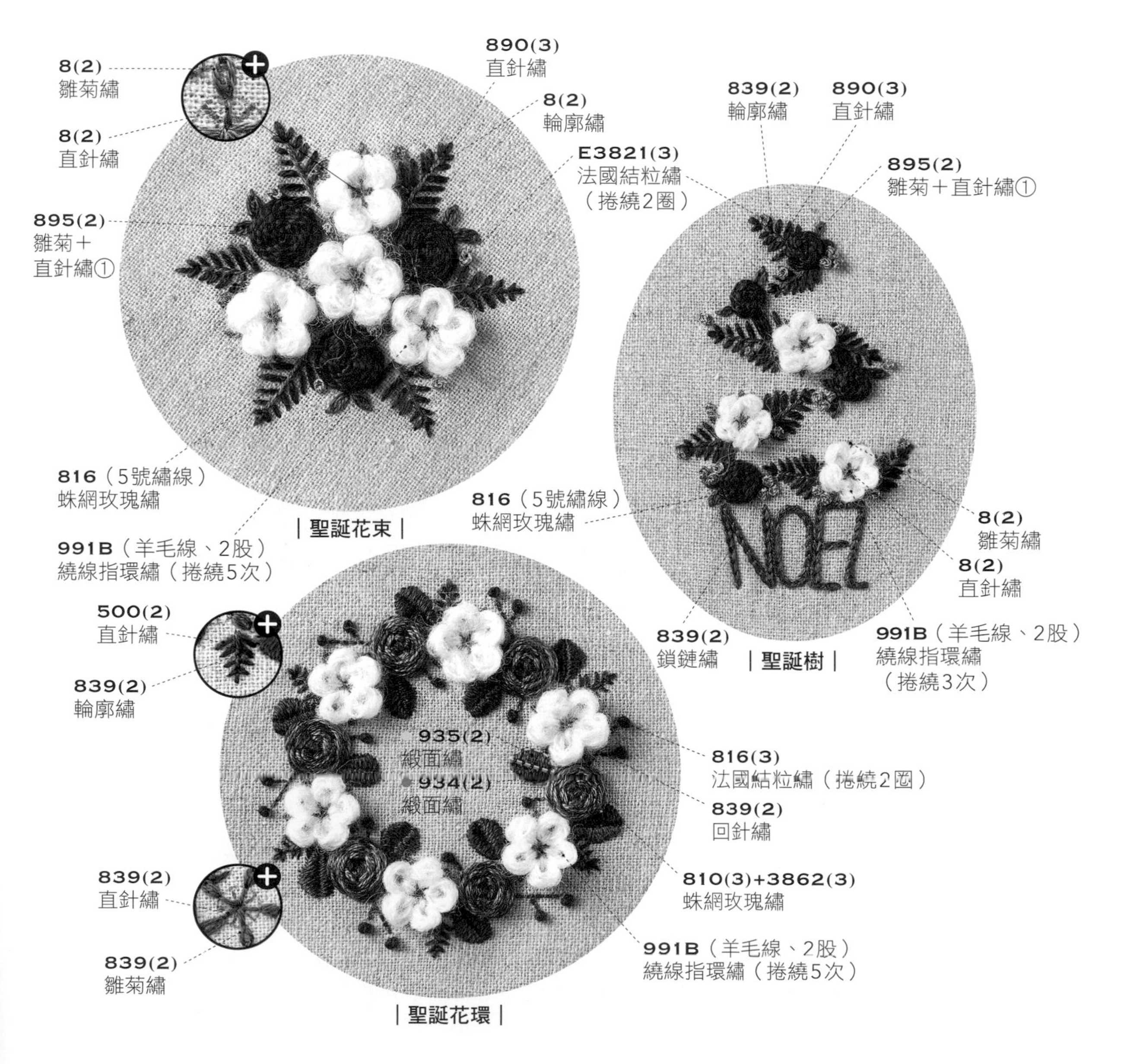

| 聖誕花束的繡法 |

1 用直針繡來繡葉子，循序漸進調整每一針的線長。用輪廓繡來繡筆直的莖。

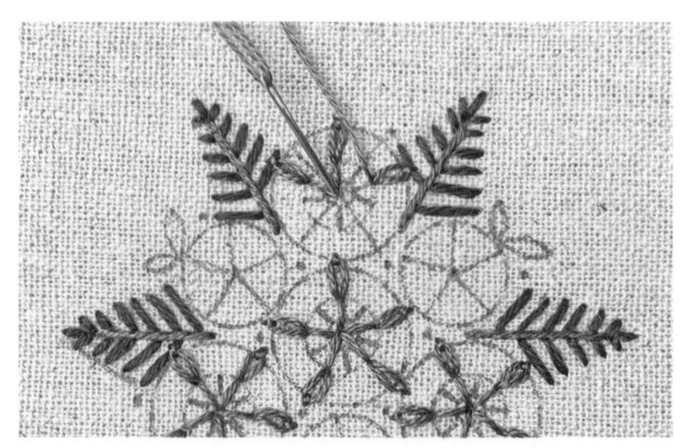

2 在畫棉花圖案的位置上，用雛菊繡與直針繡呈現出棉花枝條。

3 用捲繞二圈的法國結粒繡來做出金色裝飾物。

4 紅玫瑰旁邊的小葉片用雛菊繡繡出尖尖的形狀，中間繡直針繡；三朵玫瑰則用蛛網玫瑰繡來繡。

5 為了呈現蓬鬆飽滿的棉花，這裡要使用2股的991B繡線，並將兩端線打結綁在一起。

TIP | 一般在使用繡線時，會將所需股數的線穿過針，只將一端的線打結。但是羊毛線較粗，無法同時讓多股線穿過，所以會把線的兩端打結後使用。

6 在布面上插輔助針，用繞線指環繡來繡棉花的棉絮，將其繡得蓬鬆飽滿。

TIP | 依逆時鐘方向來繡棉花，這樣在捲繞線時，就不太會受其他已繡好的線影響。輔助針在靠近圓的一端(A)入針，稍微拉緊線、繡得緊密一點。

7 完成玫瑰和棉花完美結合的聖誕花束。

|圖案應用1：聖誕樹|

1 請參考聖誕花束繡法的**步驟**1～6來繡出聖誕樹。

2 最後用鎖鏈繡繡出NOEL或喜歡的字樣。

|圖案應用2：聖誕花環|

1 薄薄的葉、莖以及棉花的枝條，請參考聖誕花束繡法的**步驟**1～4。圓葉用緞面繡；紅色果實用法國結粒繡；連接果實的莖則用回針繡緊密地繡。

2 用兩種顏色的繡線繡蛛網玫瑰繡，呈現褐色松果層層堆疊的樣子。

3 最後參考聖誕花束繡法的**步驟**5～6繡出棉花即完成。

Supplement

原寸繡圖

針法練習 1

HOW TO MAKE • PAGE 090

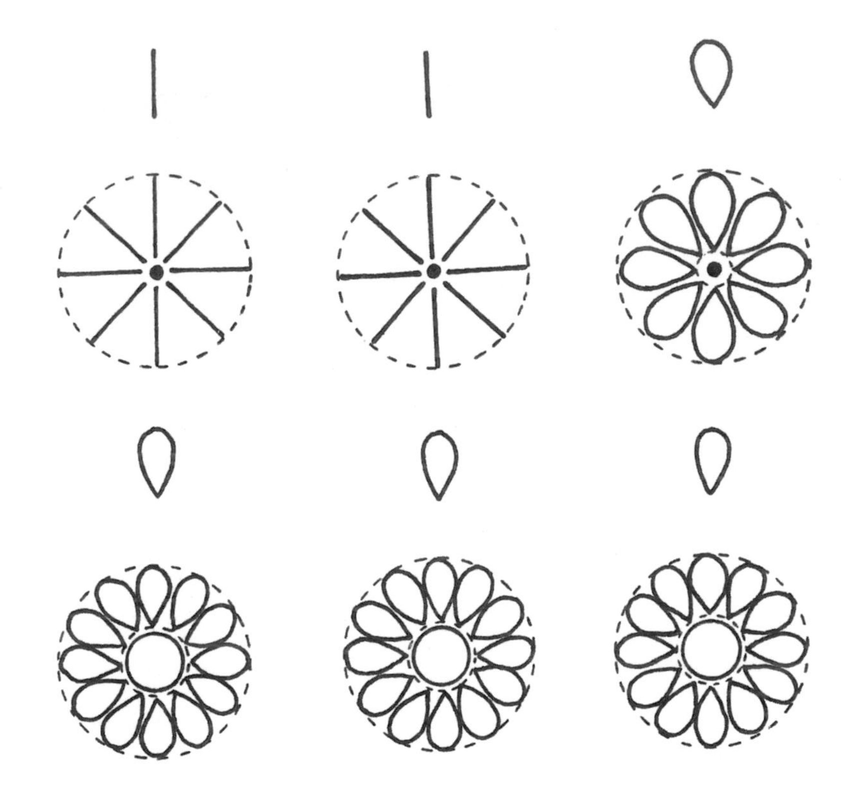

針法練習2

HOW TO MAKE • PAGE 091

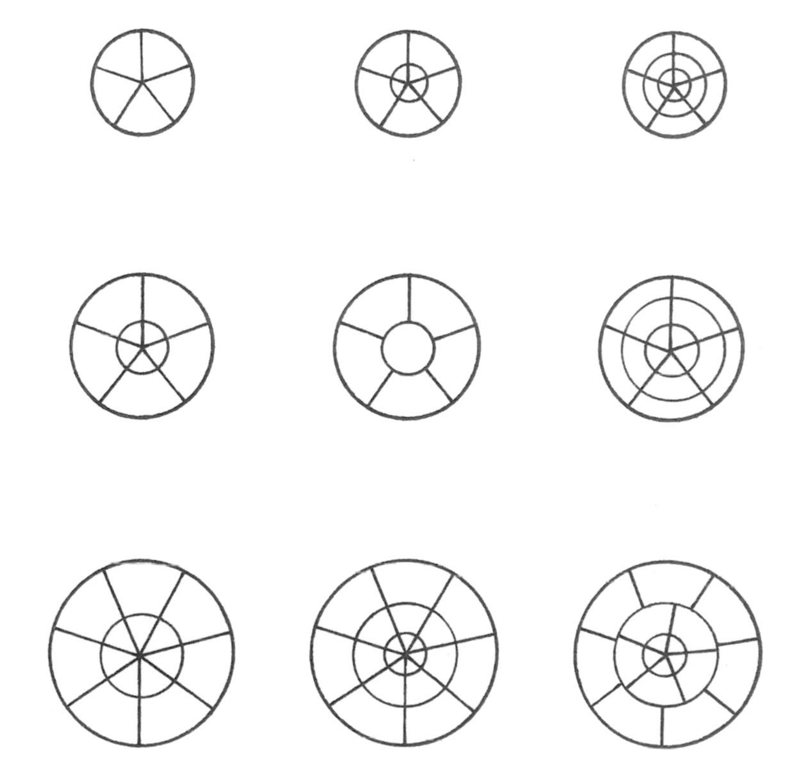

針法練習3

HOW TO MAKE • PAGE 092

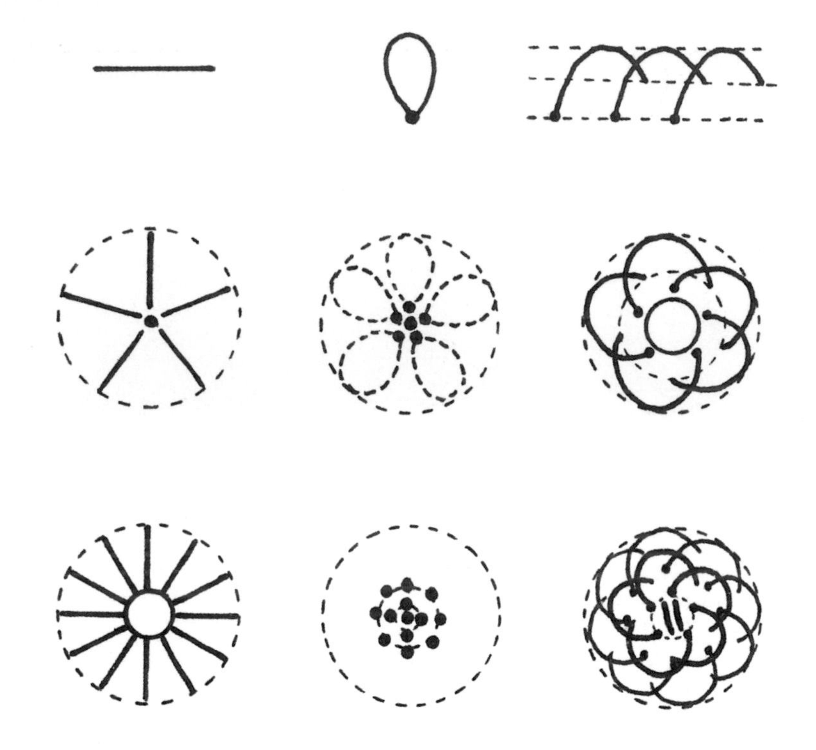

針法練習4

HOW TO MAKE • PAGE 093

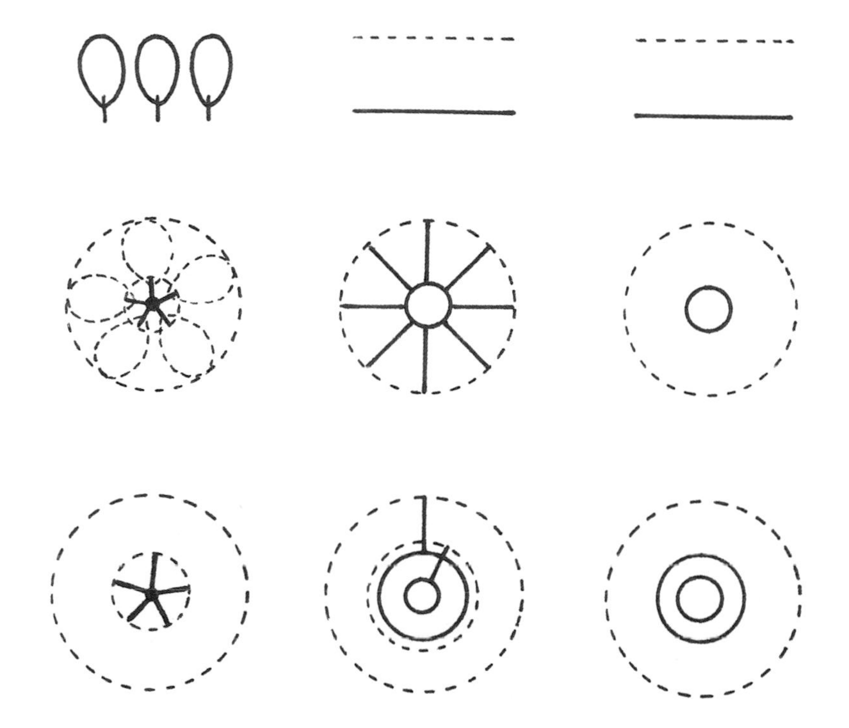

針法練習5

HOW TO MAKE • PAGE 094

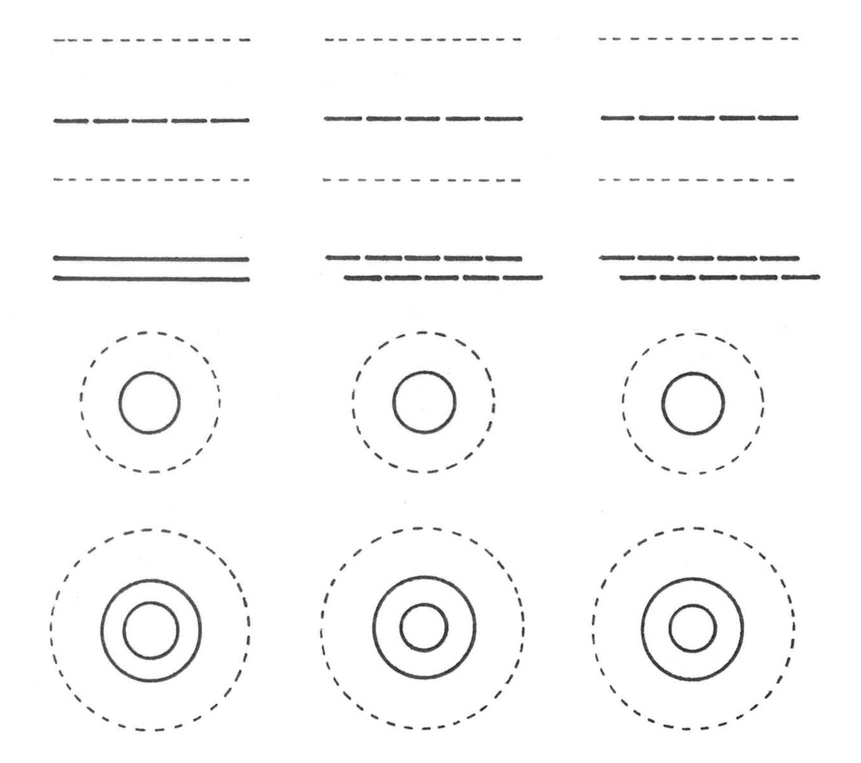

針法練習6

HOW TO MAKE • PAGE 095

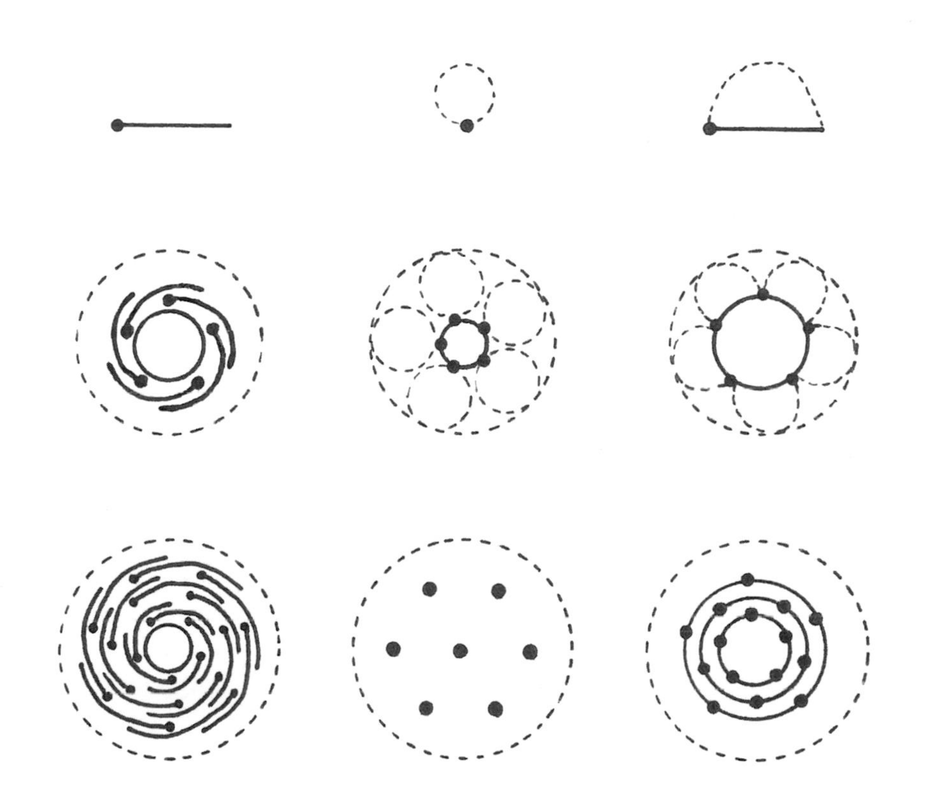

針法練習7

HOW TO MAKE • PAGE 096

針法練習8

HOW TO MAKE • PAGE 097

針法練習9

HOW TO MAKE • PAGE 097

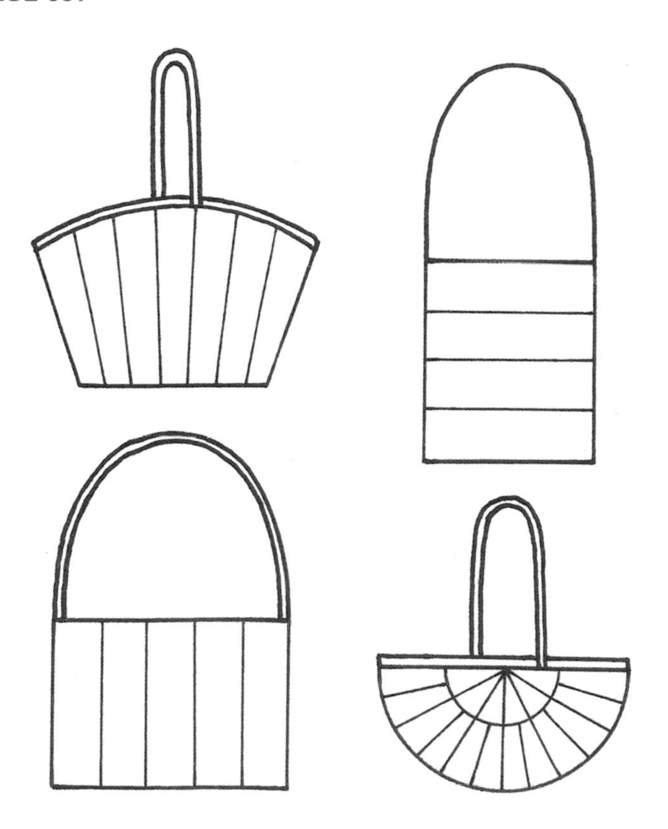

薰衣草

HOW TO MAKE • PAGE 102

藍星花

HOW TO MAKE • PAGE 106

藍蝴蝶

HOW TO MAKE • PAGE 110

鐵線蓮

HOW TO MAKE • PAGE 114

向日葵

HOW TO MAKE • PAGE 120

油菜花

HOW TO MAKE • PAGE 124

野罌粟

HOW TO MAKE • PAGE 128

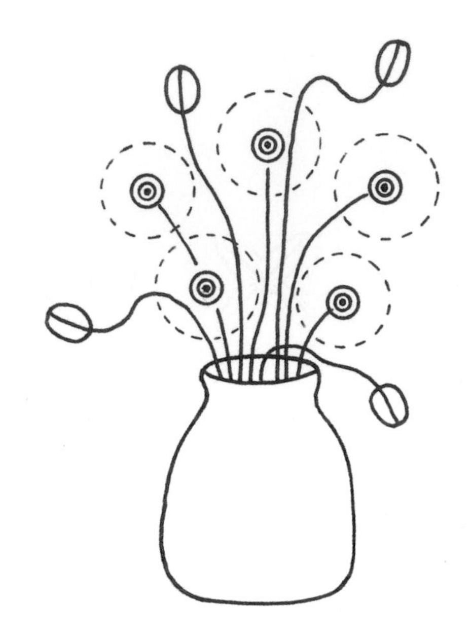

連翹花

HOW TO MAKE • PAGE 132

蘋果花

HOW TO MAKE • PAGE 138

梅花

HOW TO MAKE • PAGE 142

櫻花

HOW TO MAKE • PAGE 146

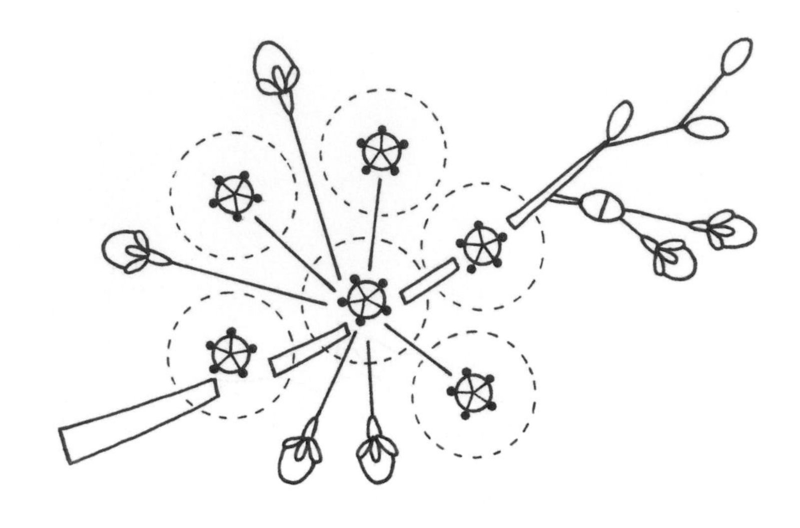

小菊花

HOW TO MAKE • PAGE 150

山茶花

HOW TO MAKE • PAGE 156

大花馬齒莧

HOW TO MAKE • PAGE 160

虞美人

HOW TO MAKE • PAGE 164

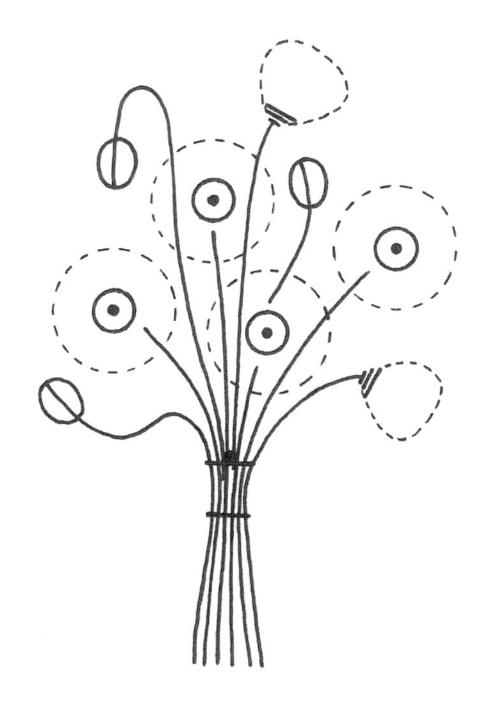

康乃馨

HOW TO MAKE • PAGE 168

鈴蘭

HOW TO MAKE • PAGE 174

白三葉草

HOW TO MAKE • PAGE 178

百合

HOW TO MAKE • PAGE 182

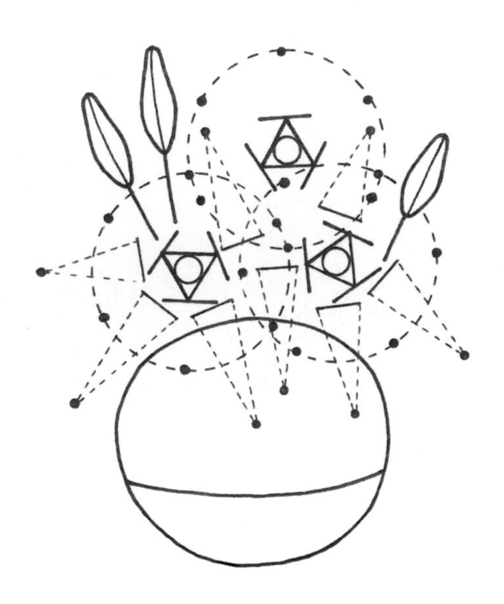

蠟花

HOW TO MAKE • PAGE 186

繽紛花盆

HOW TO MAKE • PAGE 192

秋天的花推車

HOW TO MAKE • PAGE 196

萬聖節南瓜

HOW TO MAKE • PAGE 200

聖誕花束

HOW TO MAKE • PAGE 204

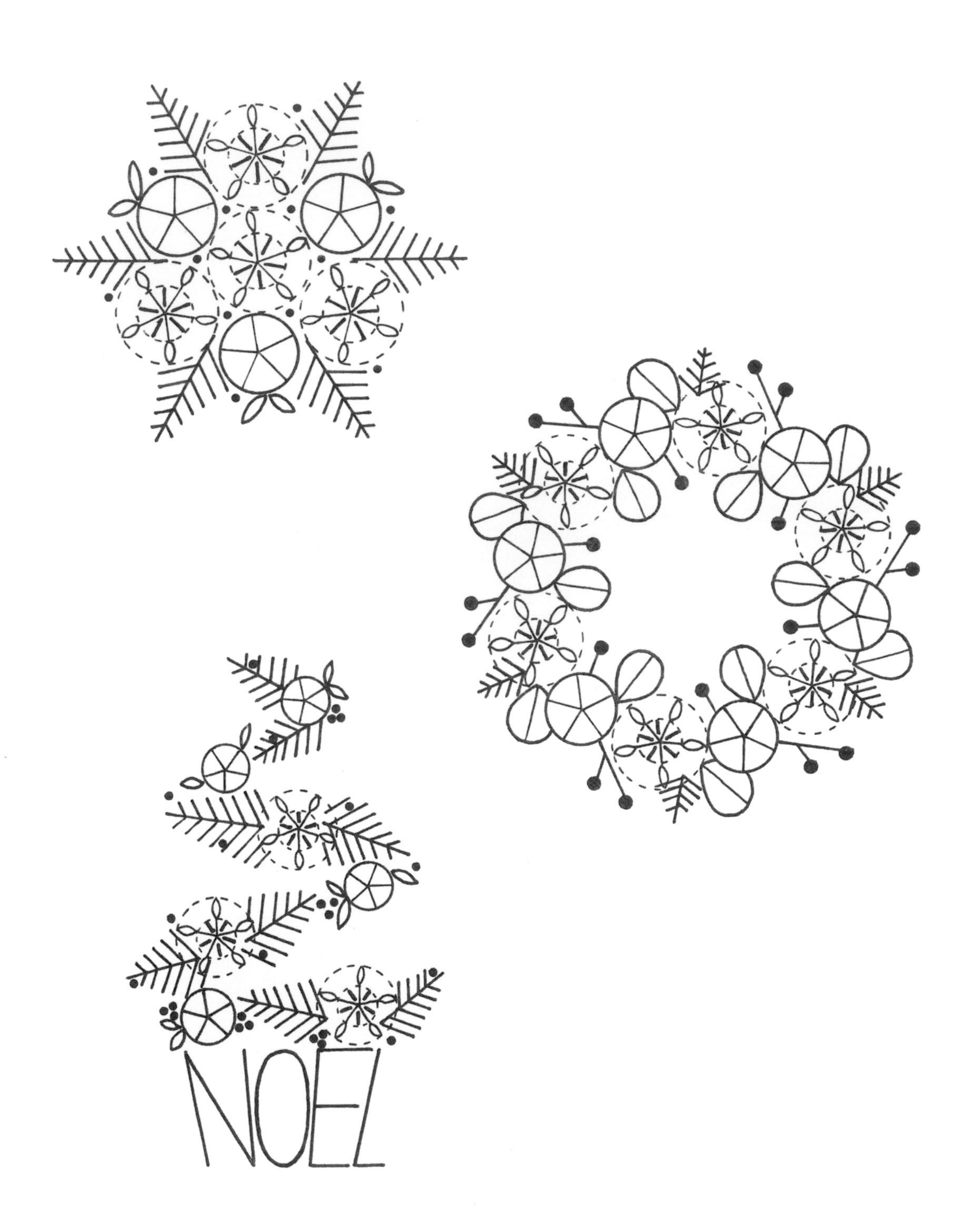

台灣廣廈國際出版集團 Taiwan Mansion International Group

國家圖書館出版品預行編目（CIP）資料

初學者的自然系花草刺繡(全圖解)：應用22種基礎針法，繡出優雅的花卉平面繡與立體繡作品 / 張美娜著. -- 新北市：蘋果屋出版社有限公司, 2022.09
面； 公分.
ISBN 978-626-95574-9-3(平裝)
1.CST: 刺繡 2.CST: 手工藝

426.2 111011886

初學者的自然系花草刺繡【全圖解】

應用22種基礎針法，繡出優雅的花卉平面繡與立體繡作品（附QR CODE教學影片＋原寸繡圖）

作　　者／張美娜
譯　　者／林大懇
編輯中心編輯長／張秀環・**編輯**／許秀妃
封面設計／曾詩涵・**內頁排版**／菩薩蠻數位文化有限公司
製版・印刷・裝訂／東豪・弼聖・秉成

行企研發中心總監／陳冠蒨
媒體公關組／陳柔彣
綜合業務組／何欣穎
線上學習中心總監／陳冠蒨
產品企製組／黃雅鈴

發 行 人／江媛珍
法 律 顧 問／第一國際法律事務所 余淑杏律師・北辰著作權事務所 蕭雄淋律師
出　　版／蘋果屋
發　　行／蘋果屋出版社有限公司
地址：新北市235中和區中山路二段359巷7號2樓
電話：（886）2-2225-5777・傳真：（886）2-2225-8052

代理印務・全球總經銷／知遠文化事業有限公司
地址：新北市222深坑區北深路三段155巷25號5樓
電話：（886）2-2664-8800・傳真：（886）2-2664-8801
郵 政 劃 撥／劃撥帳號：18836722
劃撥戶名：知遠文化事業有限公司（※單次購書金額未達1000元，請另付70元郵資。）

■出版日期：2022年09月
ISBN：978-626-955-749-3